山东省社会科学规划研究项目文丛·青年项目

# 坐对芳菲

## 传统民间坐具寻微

明 娜◎著

安徽师范大学出版社
ANHUI NORMAL UNIVERSITY PRESS
·芜湖·

图书在版编目(CIP)数据

坐对芳菲:传统民间坐具寻微/明娜著.—芜湖:安徽师范大学出版社,2023.1
ISBN 978-7-5676-5506-5

Ⅰ.①坐… Ⅱ.①明… Ⅲ.①坐具-研究-中国 Ⅳ.①TS665.4

中国版本图书馆CIP数据核字(2021)第216913号

**坐对芳菲**:传统民间坐具寻微　　明 娜◎著

ZUODUI FANGFEI CHUANTONG MINJIAN ZUOJU XUNWEI

责任编辑:王　贤　　责任校对:阎　娟
装帧设计:王晴晴　　责任印制:桑国磊
出版发行:安徽师范大学出版社
芜湖市北京东路1号安徽师范大学赭山校区
网　　址:http://www.ahnupress.com/
发 行 部:0553-3883578　5910327　5910310(传真)
印　　刷:苏州市古得堡数码印刷有限公司
版　　次:2023年1月第1版
印　　次:2023年1月第1次印刷
规　　格:700 mm × 1000 mm　1/16
印　　张:10.75
字　　数:151千字
书　　号:ISBN 978-7-5676-5506-5
定　　价:52.00元

# 目　录

# 引　言

坐具，是日常生活中的小物件，与人们关系密切，却不引人注目。从古至今，时事变迁，许多器物在历史的进程中，因生活所需而出现、发展，又因生活方式的改变而消失，这样的例子不胜枚举。纵观历史发展，坐具自产生以来就服务于我们的生活，时至今日依然活跃于当代生活。坐，是人类生活起居的重要行为方式，不管社会如何变迁，只要坐的行为存在，坐具就始终是人们生活的必需品。

坐具自诞生以来，经历了漫长的发展过程，出现了丰富多样的坐具样式。中国传统坐具的发展较显著的特点是因人们的坐姿方式不同而发生过一次重大变化，早期是以膝着地、双腿坐于足上的跪坐方式，魏晋南北朝以来趺坐、垂足坐出现，至唐宋以后垂足坐逐渐成为主流坐姿方式。从早期的席地而坐到后来的垂足而坐，这一过程中不同坐姿方式有不同坐具与之相对应。席地而坐时期，以跪坐姿势为主，坐具围绕跪坐方式而产生，主要有席、床、榻、枰等，为低矮型坐具。宋代以来，坐具由低矮型演变为高坐型，身体更为舒展的垂足坐，促进了椅、凳、墩等高型坐具的发展。每一类型的坐具都有其产生、发展、变化的历史，这些内容构成了丰富的传统坐具发展史。目前学界关于坐具的专门研究还不多，较系统的研究专著以台湾学者崔咏雪的《中国家具史·坐具篇》为代表，马未都先生也有一本《坐具的文明》出版，除此之外，鲜有以“坐具”为题的专门研究。大部分研究专著

是以传统家具为研究对象，注重整个家具史发展脉络的梳理，其中部分内容涉及坐具的发展，但是缺乏系统性和深入性。关于坐具研究的现有成果，绝大多数为期刊论文，多针对坐具中的某一具体问题展开。坐具专题研究方面以邵晓峰的敦煌壁画中的家具、宋代绘画中的家具较具代表性，其研究注重从图像学角度进行分析，为坐具研究提供了丰富的图像资料。既有研究成果为后人研究的开展提供了资料基础，本研究即是在前人研究成果的基础上展开。

坐具涵盖的范围十分广泛，从研究的深入程度和资料查找的针对性角度综合考虑，将本书研究对象划定为传统民间坐具。“传统”一词的含义比较丰富，如果从时间维度来讲，“传统”是与“现代”相对应的一个时间概念。“传统”同时是哲学上的术语，“所谓传统，就是指被历史所选择、确认的人类文化活动方式、过程、产品及其价值的客观存在，是被认可的人类对客观世界的把握和对主客观关系的处理，它表现为既定的物质存在、精神存在以及物质精神因素交融的艺术存在。在文化的历史进程中，偶然的、特殊的、个别的事变，经过筛选、浓缩、凝聚、沉积所得到而传之于后世的必然的、普遍的、一般的部分，变化层下相对恒常的不变层，便是传统”[①]。这一概念是哲学上的所指，较为抽象，本研究结合坐具发展的实际情况进行具体的界定。传统民间坐具之“传统”，具体可指手工业时代产生的历史样式，侧重指样式风格，而非单纯的时间概念。只要是手工业时代产生的、有历史传承的样式，即木匠所说的“老样式”，都属于这一范畴。整体而言，传统民间坐具是一个相对性的概念，与民间坐具相对应的是宫廷坐具。宫廷坐具因为要符合皇家权力象征的需要，在坐具形制、装饰上都有特殊规定，在使用上也要遵循等级制度中礼法的要求，可谓自成体系。传统民间坐具泛指宫廷坐具之外的，在民间广泛使用的、传承于历史样式的各类坐具，它既包括历史上遗存下来的、作为文物收

①章利国：《造型艺术美学导论》，河北美术出版社1999年版，第34页。

藏于博物馆的坐具，也包括当代制作的、依然在民间使用的传统坐具。传统民间坐具的使用对象既包括普通农户、山间居民，也包括城中市民、文人商贾，是相对于宫廷坐具的一个较宽泛的概念。

与传统民间坐具相关的现有研究成果，多是从家具史角度进行研究，强调某一历史时期坐具发展的整体趋势或变化，强调的是不同历史时期坐具在形制上的差异性，这种类似坐具通史的研究是专题研究的基础。本研究将传统民间坐具视为古代造物艺术之一种，从造物艺术的角度来看待传统坐具。研究中将传统民间坐具还原于造物活动的过程，按照其制作过程的具体环节渐次展开。首先，从传统民间坐具的选材入手，分析传统民间坐具在材料选择、使用上的特点，强调传统民间坐具选料挑材的自然性、地域性、合宜性。其次，分析传统民间坐具制作及设计中的尺度问题，具体从生理尺度、心理尺度、伦理尺度三个方面展开。生理尺度是由人的生理结构、生理尺寸决定的，是客观的尺度。心理尺度是由人的心理状态所决定的，是主观的、人的尺度。伦理尺度是由社会外在的文化因素综合决定的，受政治、文化因素影响较大，是外在的、社会的尺度。作为日常起居必不可少的坐具，其样式的设计、制作必然要将生理尺度、心理尺度、伦理尺度综合起来，是各个尺度协调统一的结果。再次，研究传统民间坐具的装饰与审美。任何器物的设计都要兼顾功能与形式的统一。传统民间坐具的美是多层次的，装饰图案的外在美是最常被提及的，但是除此之外还有工匠技艺造就的工艺美以及充满人文情趣的意象美。工艺美、意象美不像图案装饰那样外露，但是它们对坐具之美的影响却是更深层次的。最后从造物思想的角度，对传统民间坐具的造物特点进行分析，将其中较有特点的造物观念、设计原则进行总结。道法自然、制器尚用的造物观以及物尽其用的用物观，是传统生活智慧的结晶。

传统民间坐具既有共通的民间习俗、文化的影响，并表现出一定的共性特征，又因使用对象的不同、使用地区的不同，而在具体形制、

装饰上表现出差异性。在研究方法上，强调传统民间坐具的个案研究，根据不同主题选取不同个案，以具体个案来论证、说明相关问题。个案资料的来源有文字资料及壁画等图像资料、博物馆馆藏实物资料、调研过程中拍摄的资料。研究过程中，强调实地田野调研，以山东地区为主，对有代表性的民间坐具区域进行调研，采访老木匠，调研当地博物馆，收集和整理一手调研资料。通过丰富多样的资料收集，力求全面地呈现传统民间坐具造物活动中各环节的特点及特色。

传统民间坐具是实用的艺术，只有在日常生活的使用过程中才能充分发挥其价值。对传统民间坐具进行研究，不能停留于形式的研究，而应当从使用的角度，将坐具还原于日常生活方式中进行分析。日常生活起居方式的改变、外来文化的传入、社会审美风尚的变化、人生礼俗的发展，所有这些因素都可能对传统民间坐具造成影响，只是在具体的坐具上，影响因素不同而已。单纯从形制的角度，对坐具进行尺寸、结构、样式的分析，容易走向片面。有些形制方面的变化，背后可能是风俗的变迁或文化的影响。只有把具体的坐具放置到具体的使用环境看待时，才能够更好地理解坐具产生变化的深层原因。只有把坐具还原到具体使用过程中，才能更好地体会坐具尺寸、结构、装饰的合理性，就如想要理解十里红妆坐具的装饰美，只有将它还原于江南婚俗的热闹场景中才更能感受到朱漆与泥金搭配的美妙。日用之器，就应当于日常使用之间去感受。走进传统民间坐具，就走进了一段质朴却不失雅致的旧日时光，于器用之间感受传统手工业时代，人与物和谐美好的关系。

# 第一章　坐与坐具：传统坐具的发展

坐，是日常生活中重要的起居方式，人类除了睡觉时躺的姿势，其他大部分时间都是在各类坐具上度过的，可能是闲适慵懒的沙发，也可能是不太舒适的办公椅。可以说，坐具与人关系密切。坐具的历史十分悠久，如现代人双腿垂足坐于椅子、凳子上，却至少是在宋代之后的事情。坐的姿势与坐的器具，有自己的发展历史。席地跪坐这一在当下并不常用的坐姿方式却是中华民族早期的起居方式，并且这一方式持续了相当长的时间。魏晋之际，席地坐之外的坐姿方式逐渐传入，对主流的坐姿方式产生冲击。至唐宋之际，坐姿方式发生改变，更为舒适的垂足坐逐渐替代了跪坐方式。坐姿的转变对传统民间坐具产生了直接影响，不管是在坐具的选材、工艺，还是坐具的样式、形制上都发生了重大变化。坐姿与坐具直接相关，不同坐姿有不同坐姿下使用的坐具，坐姿与坐具的相互影响构成了坐具发展的历史。

## 第一节　低矮型坐具的发展

中国传统起居方式经历过一次转变，在垂足坐的坐姿普及之前，有过一段较为漫长的“席地而坐”的历史。这一时期，人们的生活起居主要以“席”为中心，会客、宴饮等活动都于席上展开，席成为早

期室内陈设中较为核心的家具，也成为最早的坐具。早期坐具除了席，还有床、枰、榻等，这些坐具都围绕席地而坐的方式展开，都属于低矮型坐具。

## 席:最早的坐具

《说文解字》中关于“席”的解释是：席，籍也。席的本义是一种供坐卧铺垫的用具。甲骨文的席字是象形字，囚就像一张草席。因而，用水草编织的席，成为人们早期生活起居的重要用具。席的出现，应该不晚于新石器时代早期，在浙江余姚的河姆渡遗址（距今约7000年）发现了目前所见的最早的编织席（苇席）实物，且数量较多。随着人类编织技艺的发展，席所使用的材料越来越丰富，应用范围也越来越广泛。在江苏吴县草鞋山遗址（属于距今6000年以前的马家浜文化）中发现了篾席，在浙江吴兴县钱山漾遗址（距今约5000年）发现了大量竹篾席、竹编席以及竹编的篓、篮、簸箕和盆架等实物。在早期不同文化遗址中都有“席”的出现，可推测当时“席”已经成为较普及的生活用具（图1-1）。

图1-1　坐于席上演奏的百戏乐队[1]

席在材料的选择上均是自然环境中唾手可得的天然材料，常用的材料为草、竹、兽皮。以动物皮毛制成的席统称为兽席，以熊席、豹席较为多见，因其珍贵，故一般为天子帝王使用。百姓日常所用一般为草席或竹席，其中，又以草席的分类更为多样化。古人对用不同水草编织而成的席有细致区分。比如用初生之苇编席为“葭席”，未秀之

①张道一：《画像石鉴赏》，重庆大学出版社2009年版，第193页。

苇编席叫“芦席”，长成之苇编席叫“苇席”。用蒲草编的席称“蒲”，蒲草之小者编席称“小蒲”或“莞”，初生的蒲草编席称为“蒻”。此外，用稻草、麦秸编席称“稿”，用竹和藤编的席叫“簟”，筐、篾、笋等也都是竹席一类。草席多在冬月使用，取其柔软温暖。竹席多在夏日使用，取其清爽凉快。虽然这一时期，制作坐具选择的都是最为简单的材料，但是加上古人巧妙的编织技艺，却能变换出丰富多样的形式。

古人对于席的划分如此细致，一方面能够体现席具发展的成熟，另一方面也是从便于实际使用需要出发。随着社会文明的发展，尤其是礼制文化的发展，作为日常起居经常使用的席，也逐渐与古人的礼法制度相关联。比如，周代在席的使用上就有着十分详细的规定。据《周礼·春官》的记载，周朝有五几、五席之名。五席为常用的五种席，分别为莞席、缫席、次席、蒲席、熊席。莞席、蒲席都是草席，由水草编结而成，这是两种较粗的席，一般铺在底层，但比较而言，莞细蒲粗，莞席较于蒲席要稍微细致一些。缫席也是一种草席，但是制作比莞席要讲究，郑玄注曰：“缫席，削蒲蒻，展之，编以五采，若今合欢矣。”[①]按照郑玄的注释，缫席当是用蒲草染色编成花纹，或者是以五彩丝线夹于蒲草之中编织成的席，类似汉代的合欢席。次席是一种桃枝竹席，熊席则是天子田猎或出征时使用的席，应为熊皮或兽皮席，也有学者认为熊席是以熊皮饰席或画熊之席[②]。由于席的种类繁多，使用起来也与礼法相关，周代设有官吏名曰“司几筵”，专门负责筵席布置。《周礼·春官·司几筵》注曰：“筵亦席也。铺陈曰筵，藉之曰席。”[③]筵和席实质都是席，不过筵在尺寸上略大，使用材料略粗

①郑玄注，贾公彦疏，李学勤主编：《十三经注疏·周礼注疏·下》，北京大学出版社1999年版，第524页。

②崔咏雪：《中国家具史·坐具篇》，明文书局1990年版，第31页。

③郑玄注，贾公彦疏，李学勤主编：《十三经注疏·周礼注疏·上》，北京大学出版社1999年版，第436页。

糙，因此将铺在地上的大席称为筵。使用时，先铺设筵，在筵之上再根据具体情况铺设一层或多层较细致的席，人就坐在席之上。宴饮时，再于席上设几案，根据主人、客人身份的不同，筵席、几案的陈设也有不同。《礼记·礼器》记载："天子之席五重，诸侯之席三重，大夫再重。"[①]

席，一般为长方形或正方形，长短不尽一致，有的或可长数尺，可坐十数人；有的则形制短小，可两三人同坐。四川成都东汉墓出土的画像砖上，描绘了当时人们在席上宴饮的场景，图中人物一组为三人一席，正在举杯饮酒，另一组为四人，每两人共坐一席，四人两两相对，中有条案，案旁有带勺容器，应为酒器。图中对席的描绘十分明确，两组人物各自端坐于席上，从画面席具的陈设及几案的摆放来看，较为简单，应为家庭内的普通宴饮。由此，我们也可以窥见古人在日常生活中使用席的情况。除两人或三人共用的席之外，还有一种尺寸较小的方形席，大小仅可供一人使用，称为"独坐"。独坐为长者或身份尊贵者的坐席，在正式的大型宴饮活动中，长者或身份尊贵者都要单独设席。席的陈设和使用与一系列礼仪规范密切相关，古代文献中关于"坐席"的相关记载十分丰富。比如，同席之人应为身份地位相当者，如若不然，则会引起客人不满。在《史记·田叔列传》中记载了一则与席相关的故事。汉武帝时，任安与田仁都是卫青大将军的侍从。一天，卫青带领二人到平阳公主府做客，在安排坐席时令二人与骑奴共坐一席用餐，二人因此感觉受到羞辱，愤而拔刀，割席而坐。同席之人，身份相当，品行也要相当。《后汉书·许敬传》记载："许敬，字鸿卿……许敬其乡吏有诬君者，会于县令坐。敬拔刀断其席曰：敬不忍与恶人同席。"[②]这些都是设席之人在安排坐席时不当的例

---

①郑玄注，孔颖达疏，李学勤主编：《十三经注疏·礼记正义》，北京大学出版社1999年版，第722页。

②汪文台：《七家后汉书》，河北人民出版社1987年版，第132页。

子。客人在参加宴饮活动坐席时也有诸多讲究。《论语·乡党篇》记载："席不正，不坐。""君赐食，必正席先尝之。"[①]可见，席的日常使用已经完全与礼仪规范相关联，也被赋予了实用之外的意义。

随着社会文化的发展和丰富，席被赋予更多文化内涵。比如，席可以作褒奖之用。《艺文类聚》卷四十六《殷代世传》中有一则记载，东汉有一个叫殷亮的人，学识渊博，建武（25—56）年间拜为博士，后又为讲学大夫。殷亮曾与诸位学者讲经论史，并以坐席为筹，获胜者可获赐席。亮经常累席至八九层。谢承《后汉书》也记载过一则类似故事。汉光武帝时期，有一位叫戴凭的人，为讲经博士。一次，光武帝召集公卿大会，群臣皆按品级就座，只有戴凭立而不坐，光武帝问其缘由，戴凭回答说："讲经博士地位在群臣之下，而坐居臣上，故不敢坐席。"光武帝让他与群臣互出题目辩论，义有不通者，夺其席以赠通者。戴凭依靠自己的学识，独胜群儒，重坐五十余席。故事重在突出戴凭的学识过人，至于五十张席的说法或许有夸大的嫌疑，但是以席作为奖赏在历史上确有其事。有时，席还被用来彰显帝王身份。前文提及的熊席即为天子所用，多在狩猎及冬季时使用。《周礼·春官·司几筵》记曰："甸役则设熊席，右漆几。"[②]贾公彦疏："甸役，谓天子四时田猎。"孙诒让注："甸亦当读为田，田役，即谓王大田起徒役。"《吕氏春秋·分职》记载："卫灵公曰：'天寒乎？'宛春曰：'公衣狐裘，坐熊席，陬隅有灶，是以不寒。'"[③]熊席因材质的特殊和稀缺而成为特别的一类席，其他类似的材质还有虎皮、豹皮、狼皮等。此外，席还可用来请罪，类似"负荆请罪"的荆条，只不过用作请罪时需要用到的是一种特殊的席，称为藁席。藁席多用禾秆编成，本为犯人使用，也有人特意使用，意思是将自己比为罪人，是古人请罪的

---

①《论语》，浙江古籍出版社2004年版，第49—50页。

②郑玄注，贾公彦疏，李学勤主编：《十三经注疏·周礼注疏·下》，北京大学出版社1999年版，第527—528页。

③庄适选注：《吕氏春秋》，商务印书馆1927年版，第126页。

一种方式。《史记·范雎传》记载：“应侯席藁请罪。”[①]另外，若家中有人去世也会使用藁席，是古代丧葬礼仪中的一种。

古代文献中关于席的记载不胜枚举，由此可以看出古人对于席、坐席之重视。席是早期起居生活的重要家具，在高坐型家具发展起来之前，人们有过一段较长时期的席地而坐、席地而居的生活。古人不厌其烦地对席进行了分类和名称上的细致区分，在生活中又建立起一套以席为核心的用席、坐席规矩，设置专门的官吏对席的陈设进行管理，在生活中强化关于席的礼法观念，从而构建起以席为中心的生活起居模式。

## 床：早期常用坐具

床，是席之后出现的一种家具，它在人类生活起居历史中出现的时间较早，存在时间也较久，直至今日仍然在我们生活中使用，只不过其形制与功能在不同历史时期差异较大。早期的床主要功能之一是供人休息，属于卧具的一种，在实际使用中，兼具坐与卧两种功能。席虽然也兼具卧的功能，但是，睡在高出地面的平台家具上，无疑是更为舒适的一种休息方式。床又因其坐卧功能转换便捷、使用非常方便，自产生以来一直受到人们的青睐。

床的形象在商代甲骨文中也有记载，写作“[illegible]”，实际应当是一件横放在地上的、带足的家具。《说文解字》对“床”的解释是：“安身之几坐也。”[②]床最早的形式类似几，“床制同几，故有足有桄”[③]，不过高度上要比几矮一些，因为能够坐卧，故曰安身之几座。床最早应当只是卧具，如甲骨文中的病字写作“[illegible]”，应当是对人躺在床上的样子的模仿。在早期的诗文中也多有关于床的记载，如《诗·豳风·

①司马迁：《史记·卷七十九》，中华书局1959年版，第2417页。

②许慎撰，段玉裁注：《说文解字注》，上海古籍出版社1988年版，第257页。

③许慎撰，段玉裁注：《说文解字注》，上海古籍出版社1988年版，第258页。

七月》："七月在野，八月在宇，九月在户，十月蟋蟀入我床下。"[①]《小雅·北山》："或燕燕居息，或尽瘁事国。或息偃在床，或不已于行。"[②]可见，床已经成为当时人们生活中普遍使用的家具。床出现后的一段时间内，其主要功能是作为卧具使用，但是随着战国时期外来高型坐具的传入，也逐渐承担了一部分坐的功能。因而，刘熙《释名·释床帐》曰："人所坐卧曰床"[③]，将床兼具坐与卧的功能说得很明确。

目前可见最早的床的实物是河南信阳一号楚墓出土的战国彩漆木床（图1–2），床长218厘米，宽139厘米，底部有六足，足高19厘米，从尺寸来看，属于体量较大的床，应当摆放在室内的重要位置。床整体饰以黑漆为底，上绘红色云纹，四周有围栏，围栏留有供人上下的开口，床面有活动屉板，六足雕成方形卷云状。这是目前发现的最早的一张完整的床。通过汉代画像石、壁画等图像资料的对比，可以发现汉代较流行的床的样式多为平台式，四角有柱状或壶门状足，属于箱形家具。像河南信阳一号楚墓彩漆床这样带有围栏的床，属于框架家具，在当时还不是主流家具，这一形制可以看作是框架式床发展的先河。

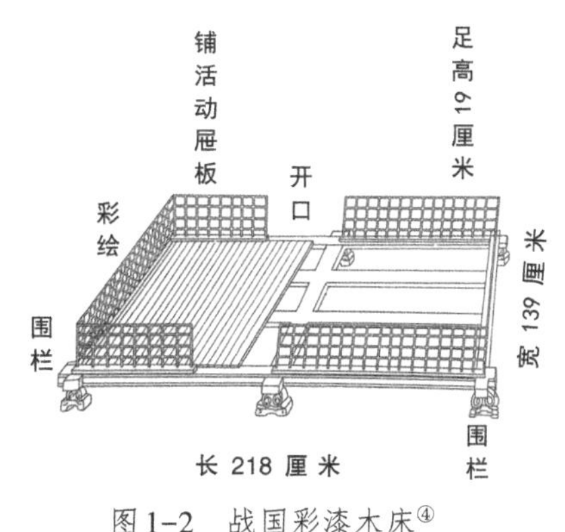

图1–2　战国彩漆木床[④]

进入汉代之后，席地而坐的情况逐渐变少，取而代之的是坐在高于地面一定距离的床上。汉代贵族公卿，燕居坐床的习惯屡见于记载，

①陈戍国点校：《四书五经》，岳麓书社1991年版，第344页。

②陈戍国点校：《四书五经》，岳麓书社1991年版，第373页。

③刘熙：《释名》，中华书局1985年版，第93页。

④赵广超、马健聪、陈汉威：《国家艺术：一章木椅》，生活·读书·新知三联书店2008年版，第28页。

在画像石、画像砖中也能见到佐证。如《史记·郦食其传》记载："郦生至，入谒，沛公方倨床使两女子洗足，而见郦生。郦生入，则长揖不拜……"[①]《汉书·朱买臣传》记："及买臣为长史，汤数行丞相事，知买臣素贵，故陵折之。买臣见汤，坐床上弗为礼。买臣深怨，常欲死之。"[②]可见，床的使用在上层社会已经较为普及。床在使用上，夏冬季节的搭配会不同，这一点在文献中也有十分详细的记载。《七家后汉书》记载："羊茂字叔宝，豫章人。为东郡太守，冬坐白羊皮，夏处单板榻，计日受俸，尝食干饭菜茹。"[③]又"薛淳为汉中太守，夏但坐板床，冬坐羊皮，河内高弘为琅琊相亦然"。冬季在床上铺设羊毛垫子既增加舒适性又起到保暖作用。诸多图像与文献资料显示，床在人类生活起居方式发展的历史过程中，尤其是汉之后到唐宋之间，高坐型家具发展成熟之前，是非常重要的室内坐具。

汉至魏晋以来，坐床成为越来越普遍的现象，但是这一时期的坐还是跪坐，即首先要登床，到床上之后再整理仪容，行跪坐之礼。由于床渐趋变高，大约为二尺高，登床成为一件不易完成的事情，需要借助榻登作为阶梯以完成登床的动作。《释名》曰："榻登施大床之前，小榻之上，所以登床也。"[④]可见，随着使用方式的不同，会有一些新式家具不断被创造出来，以满足人们生活需要。这一点至魏晋之后，依然可以看到诸多实例。自魏晋南北朝以来，床的形制发生了一些变化：第一，床的高度逐渐增加；第二，床脚变成大的弧形，以壶门作为装饰逐渐成为流行；第三，床围栏逐渐增高，出现了可以拆卸的屏风，或者床的四角出现立柱，上可搭承尘。尤其是四角立柱的出现，预示了床在形制上发展的新趋势，这种形制与建筑框架结构的发展有一定关系。《女史箴图》中出现了一张下为壶门式上有承尘的床的形

①司马迁：《史记·卷九十七》，中华书局1959年版，第2692页。

②班固：《汉书》（下），岳麓书社2008年版，第1046页。

③汪文台：《七家后汉书》，河北人民出版社1987年版，第114页。

④刘熙：《释名》，中华书局1985年版，第94页。

象。承尘本指天花，在这里引申为顶架，这也是较早的将床体与承尘连为一体的床图像（图1–3）。这一时期，床在使用方式上也发生了一些变化，并不都是跪坐于床上，也可以垂足或半跏趺坐于床边沿。使用方式的变化，使得床及其配套家具丰富起来，因为不用跪坐于床上，可以凭靠的家具，如凭几、隐囊陆续出现。这些配套家具的出现，使人们在使用床的过程中获得更多的舒适感。

图1–3　东晋床榻[①]

关于古人对床之概念的界定，需要补充的是，床是一件多功能家具，也是一个多义词。《辞海》中关于床的解释是：一卧具也，古之坐具亦曰床；二凡安置器物之架子，如笔床、琴床；三井上围栏。关于井上围栏之说，有诗篇为证，《古乐府·淮南王》记曰："后园凿井银

①顾恺之《女史箴图》唐摹本，英国伦敦博物馆藏。

作床，金瓶素绠汲寒浆。”[1]李白的《静夜思》：“床前明月光，疑是地上霜。举头望明月，低头思故乡。”整首诗一开篇就提到了床前，但是关于床的具体所指，有不同意见。比较传统的解释是，认为李白是躺或坐在室内的床上，但是结合后文“举头望明月”来看，考虑到古代建筑的空间结构及尺寸，坐于室内或躺于室内的床上，都是很难望见明月的。因而这一说法存在明显的误读。根据学者的进一步研究，比较统一的认识是诗人当时并不在室内而应在室外，但是，关于诗中提及的“床”具体所指是什么没有定论。另一种观点认为，诗中的床即是“井上围栏”，认为当时李白应当是月夜下井口凭栏，彼时彼景，让诗人突然感怀，写下惆怅思乡的著名诗句。一种观点认为，诗中的床指的是“胡床”，李白作诗的场景应当是在院落中，静静的月夜，未眠的诗人坐于胡床之上，赏月、思乡，一时感怀，写下诗句。这种说法从作诗的情境上讲是讲得通的，而且结合李白所处时代，胡床确实是文人雅士常用之物，因而，这一说法也许更具可信性。

与床类似的坐具还有榻，床榻一词有时会连用，可见它们关系密切，但是如果细究，两者还是有差异的。榻与床在结构上没有根本区别，主要区别在于尺寸。按《通俗文》记载：“床，三尺五曰榻，板独坐曰枰，八尺曰床。”[2]床的尺寸在八尺，榻的尺寸约为床的一半。《释名》曰：“长狭而卑曰榻，言其体榻然近地也。”[3]在使用方式上，床与榻也有差别，床一般为室内固定家具，有些床的屏风和屉面是活动的，可以根据需要拆装、铺设，但是床本身体量较大，在室内的摆放位置一般固定，不会随意搬动，而榻由于体量相对小巧，则可以随意挪动或收藏，具有移动性。

在高坐型家具流行之前，床是古人在席之外最重要、最主要的家

①郭茂倩：《乐府诗集·下》，上海古籍出版社2016年版，第692页。

②服虔：《通俗文》，光绪九年长沙嫏嬛馆刊本，第16页。

③刘熙：《释名》，中华书局1985年版，第93页。

具，榻因其形体小巧、便于挪动而常被临时用于室内和室外。高坐型家具流行之前，床与榻从概念上讲有尺寸上的差异，但在实际使用中床与榻的尺寸并没有那么严格的区分。如白居易《小院酒醒》诗曰："酒醒闲独步，小院夜深凉。一领新秋簟，三间明月廊。未收残盏杓，初换热衣裳。好是幽眠处，松阴六尺床。"诗中提到了六尺床，从文献中关于八尺曰床、三尺五曰榻的区别来看，六尺是介于床与榻之间的尺寸。可见，床榻的尺寸也并不是十分固定的，这种六尺床可能是为了满足人们在室外作为卧具使用而出现的尺寸[①]。因为要在室外卧躺，尺寸要符合人的身高、体宽，不能太小，又因为要搬到室外，所以尺寸也不能过大。炎热的夏季，在松荫下置一张小床，铺上竹席，小憩一觉，是古人夏日的惬意之事。随着高坐型家具的流行，床榻坐的功能逐渐被取代，卧具的功能成为床榻的主要功能，这一功能在现代生活中被延续下来。

## 枰：身份的象征

古人用席时有严格的等级制度，在床榻类的家具中也有严格的等级区分，床、榻、枰尺寸依次递减，等级却依次提高。刘熙《释名·释床帐》："人所坐卧曰床。……小者曰独坐。主人无二，独所坐也。枰，平也，以板作之，其体平正也。"[②]枰又曰独坐，独坐自古就是身份显贵的象征。

枰，即尺寸较小的榻，因其尺寸小巧仅能容一人使用，也称为独坐。在文献记载中，独坐的叫法不是特别统一，也有小榻、独榻之类的叫法，但是其功能相同，都是指仅供一人使用。如关于"小榻"的用法，《北史》记载："太后尝在北宫，坐一小榻。帝时已醉，手自举

①"松阴六尺床"的说法，还有一种可能性是诗人为了诗句押韵而写为六尺，未必是实指。

②刘熙：《释名》，中华书局1985年版，第93页。

床，后便坠落，颇有伤损。”[①]太后坐小榻，可以彰显其身份尊贵。如有关独榻的记载，《世说新语·排调第四七则》：“刘遵祖少为殷中军所知，称之于庾公。庾公甚忻，便取为佐。既见，坐之独榻上与语。”[②]《南史·颜延之传》：“时沙门释慧琳以才学为文帝所赏，……上每引见，常升独榻。”[③]可见，独榻是对他人的一种尊重，体现身份的尊贵。有些文献中，也直接以榻来称呼这种供一人使用的独坐。《后汉书·徐稚传》：“稚屡辟公府，不起。时陈蕃为太守，以礼请署功曹，稚不免之，既谒而退。蕃在郡不接宾客，唯稚来特设一榻，去则悬之。”[④]《后汉书·陈蕃传》：“陈蕃为乐安太守。郡人周璆字孟玉，高洁之士，前后郡守招命莫肯至，推蕃能致焉，字而不名，特为置一榻，去则悬之。”[⑤]这是两则内容基本相近的文献，从文中的叙述来看，榻的尺寸应当相对小巧，否则应该不易悬藏。虽然文献以“榻”命名，但是从其具体使用方式，“特设一榻，去则悬之”来看，应当也是指独坐。

枰出现时间大概在战国至秦汉时期，这一时期在思想文化活跃、百家争鸣、礼崩乐坏的时代背景下，对阶级秩序重建的重视，使得枰成为顺应时代需求的坐具。枰在形制上并没有特殊之处，与床基本相同，只是尺寸要小一些。在壁画等作品中，多有关于独坐的描绘。如在河北望都汉墓壁画中，主记史和主簿分别坐在枰上，两件枰大小尺寸相近。枰有四足，截面为矩尺形，腿间有弧形券口，牙板为曲线，坐面上铺有席垫。在隋代开凿的莫高窟第303窟人字坡普门品现梵王身画面中，梵王坐在枰上，枰有四足，“内翻呈壶门样，牙条呈锯齿

①刘毅：《北史》，北京燕山出版社2010年版，第79页。

②刘义庆撰，徐传武注释：《世说新语选译》，齐鲁书社1991年版，第364页。

③李延寿撰，周国林等校点：《南史》，岳麓书社1998年版，第507页。

④汪文台：《七家后汉书》，河北人民出版社1987年版，第43页。

⑤汪文台：《七家后汉书》，河北人民出版社1987年版，第64页。

状”[①]。这一形象与山西大同北魏司马金龙墓出土的木板漆画《屏风漆画列女古贤图》中鲁师春妻画面中的坐具基本一模一样。传东晋顾恺之所作《女史箴图》中也出现了独坐于枰上的形象。如图1-4，图中男子跏趺坐于枰上，虽然部分被遮挡，但是依然可以清晰看到枰的形制。枰为方形，下有四足，足内翻，牙板为锯齿状。可见，枰的形制基本是较一致的，一般为长方形或接近正方形，有一平面便于承坐，下有四足，有牙板装饰，足和牙板的具体样式略有差别。

图1-4 ［东晋］顾恺之《女史箴图》上的独坐[②]

枰的尊贵之处在于仅供一人使用，属于独坐，因而也是身份的象征，古人常以独坐显示对使用者的尊重。用物的差别化，是古人区分尊卑贵贱的主要方式之一。如图1-5为四川成都出土的汉画像砖《讲学图》，即以坐具的不同来区分尊卑。讲经者坐于小榻之上，左右两侧分两列，有六人跪坐于席上，毕恭毕敬，正在聆听。图中即以独坐和席来区分身份，表示对讲经者的尊重。此外，古人还以独坐来彰显身份的尊贵。如徐州十里铺东汉墓画像石的组画中，有一组画面为一

图1-5 讲学图中的席与榻[③]

①高启安：《从莫高窟壁画看唐五代敦煌人的坐具和饮食坐姿》（上），载《敦煌研究》2001年第3期，第21页。

②英国伦敦博物馆藏，引自世界艺术鉴赏库官方网站。

③张道一：《画像石鉴赏》，重庆大学出版社2009年版，第134页。

人端坐在枰上，前方有三人持笏板正在跪拜，可知独坐之人应当身份较为尊贵。在文献中也有关于独坐、连坐差异的记载，如果在宴请场合，应当独坐之人被安排与人共坐一榻，则常常被视为对其不尊重。如《晋书·羊琇传》记载："杜预拜镇南将军，朝士毕贺，皆连榻而坐。琇与裴楷后至，曰：'杜元凯乃复以连榻而坐客邪？'遂不坐而去。"[①]总而言之，枰主要为一人使用，或是身份尊贵的象征，或是别人对使用者表示尊重的方式，在等级上是属于较高等级的坐具。

综上所述，席、床、榻、枰是在魏晋之前中国人以跪坐为主要起居方式时的主要坐具，在不同时期具体尺寸及装饰略有区别，但是从类型上来讲，已经涵盖了早期坐具的主要类型。魏晋之后，坐具在形制上发生了一些变化，这种变化主要由坐姿的变化而引起。

## 第二节　传统生活起居方式的变化

在传统器具的发展变化过程中，器物本身的变化往往是循序渐进的，是在前人设计的基础上，根据现实需要进行改良和改进。这也符合大部分器物的变化发展规律，然而，纵观坐具的发展历史，这一规律完全被打破。对于坐具而言，它的发展变化不是叠加式的，而是颠覆性的。这种常规发展规律外的变化源于坐姿方式的变化。可以说，坐姿方式的改变，为传统坐具的发展带来了颠覆性发展。

关于坐姿的讨论，与家具史、坐具史相关的书籍中大都有所提及。台湾学者崔咏雪在《中国家具史·坐具篇》中提到"人类放置身体的方法，除直立一式不算外，大概有四。可分：(一）坐地，即以脾承受全身重量（脾，今俗云屁股是也)，下肢放置无定，如猿猴的坐法及人的箕踞等；(二）蹲居，即以两足承受全身重量，下肢屈折，以膝向

①转引自房乔：《二十四史·晋书》，延边人民出版社1995年版，第338页。

上，髀向下而不着地；（三）跪坐，即以两小腿及两脚承受全身重量，膝向前，髀在脚上；（四）高坐，臀关节与膝关节处各作九十度上下之屈折，由坐具在髀下支持全身重量。”[①]在此，崔咏雪将坐姿进行了细致划分，具体分为坐地、蹲居、跪坐和高坐，这一分类有其科学性，但是有一种在坐姿转型中发挥重要启示作用的坐姿——跏趺坐，没有被明确提及[②]。跏趺坐是一种盘腿坐的坐姿，在佛教造像中常见，游牧民族也常用，这一坐姿在从跪坐到垂足坐的过程中发挥了重要作用。以下，本书结合传统坐具发展的历史，选择对坐具形制影响较大的三种坐姿进行详细介绍。

## 跪坐:礼法制度下的标准坐姿

跪坐的标准动作是双膝着地，上身挺直，两足并拢，将臀部落于足跟，以膝、足跟承受全身力量，脚麻、腿麻是必然的结果。这并不是一种特别舒适的坐姿，今日已经没有人能够以此坐姿长坐了。但是，这种跪坐的坐姿却长久地存在于古人的生活中，并成为最为正式和规范的坐姿。

从严格意义上来讲，跪与坐在古代是有所区分的，曹宪语：“古人有坐、有跪、有蹲、有箕踞；跪与坐皆膝着于席，而跪耸其体。”[③]即是说若将臀部落于脚踵上为坐，而臀不着跖，直腰耸体为跪，也叫跽。这是将要站起来的准备姿势，同时表示对别人的尊重，如《史记·孟

①崔咏雪：《中国家具史·坐具篇》，明文书局1990年版，第13页。

②崔咏雪关于“坐地”的论述为：“以髀承受全身重量（髀，今俗云屁股是也），下肢放置无定，如猿猴的坐法及人的箕踞等”，按照其字面意思，坐地可与箕踞等同，而按照董伯信关于箕踞的理解则为两腿向前伸直，上身与腿呈直角而坐，因其坐姿很像“箕”，故称其为“箕踞坐”。因崔咏雪在此处描述上有一定含糊性，也没有配图可以取证，据“如猿猴的坐法”一句判断，她所指的“坐地”概念更倾向于箕踞坐，因而此处将“跏趺坐”单独列出。

③许慎撰，段玉裁注：《说文解字注》，上海古籍出版社1988年版，第399页。

尝君列传》记载："秦王跽而问之曰：'何以使秦无为雌而可？'"[①]这是因为秦王要请教于人而跽。在特殊情况下也会有跽坐形式出现，如《史记·项羽本纪》载："哙遂入，披帷西乡立，嗔目视项王，头发上指，目眦尽裂。项王按剑而跽，曰：'客何为者？'"[②]按剑而跽是一种下意识地准备自卫的动作。可见，跪、跽是同义词，相对而言，跪的使用频率要高于跽，本书统一使用跪坐一词。跪坐的弊端在于不利于久坐，由于整个身体的重量都落在腿上，在一定程度上阻碍了血液流通，同时压迫了腿部神经，两腿容易发麻，甚至产生如《韩非子·外储说左上》提到的"腓痛、足痹、转筋"等现象。

关于跪坐的出现，从文献及图像资料的情况来看，大概出现在商朝，为贵族的起居方式[③]，并且演化成一种供奉祖先、祭祀天神以及招待宾客的礼节。在跪坐行为基础上演化出跪拜的礼仪，并逐渐由社会上层传播开来，成为人们日常起居的主要方式。直到两汉时期，会客、宴饮时也依然保留着跪坐的习惯。汉代墓葬中出土的陪葬品，其中不乏一些人物俑，如西汉景帝阳陵出土了一件跪坐仕女俑（图1-6），女子挽髻，着交领深衣，跪坐于地，双臂平举。从动作判断，仕女手中应当持有案或鉴一类的器物，袍长

图1-6 [西汉]跽坐侍女俑[④]

①司马迁：《史记·卷七十五》，中华书局1959年版，第2361页。

②司马迁：《史记·卷七》，中华书局1959年版，第313页。

③崔咏雪在其著作《中国家具史·坐具篇》中借用李济研究小屯石像及侯家庄玉佩三个蹲居与箕踞的石刻，旁证商代人更习惯于蹲居和箕踞，普遍比跪坐更流行。跪坐应当是有文化的人类所发明的。

④汉景帝阳陵博物院藏，引自汉景帝阳陵博物院官方网站。

及地，盖住双足。女子神情娴静，动作规矩，坐姿标准，不难感受到西汉日常生活起居仪礼的严谨。河北满城中山靖王刘胜之妻窦绾墓出土的铜鎏金长信宫灯（图1-7），宫女跣足跪坐，梳髻覆帼，右手持灯，左手托灯座，神态庄重。此宫女跪坐形象应当是汉代宫廷中较为规范的坐姿，这件铜灯为我们还原了汉代跪坐的标准动作。由于社会上层的认可和推进，跪坐成为符合礼法规范的坐姿方式，在所有正式场合、重要场合都以跪坐为礼仪。至魏晋时期，在画像砖上依然可以看到跪坐进食的场景，说明在当时跪坐依然是符合礼仪的进食坐姿。

图1-7 ［西汉］长信宫灯[1]

跪坐成为符合礼仪规范的坐姿，一方面是因为社会上层的提倡，比如以逍遥著称的庄子也曾说过："擎跽曲拳，人臣之礼也。"[2]意为持笏而长跪，鞠躬而抱拳，是臣子必备之礼节；另一方面则是对于其他坐姿方式的批判，这方面的文献及图像资料十分丰富。人类早期生活的起居方式中，跪坐出现之前有两种通用坐姿，一是箕踞，二是蹲踞。箕踞，也称"坐地"，其具体坐姿为两腿向前伸直，上身与腿呈直角而坐，因其坐姿很像"箕"，故称其为"箕踞坐"[3]。《礼记·曲礼上》讲："坐勿箕。"说明这是一种极其随便的坐姿，有外人在场箕踞而坐是对对方的不尊重。如《史记·刺客列传》中记载："轲自知事不就，

①河北博物院藏，引自河北博物院官方网站。

②庄周著，郭象注：《庄子》，上海古籍出版社1989年版，第24页。

③董伯信：《中国古代家具综览》，安徽科学技术出版社2004年版，第4页。

倚柱而笑，箕踞以骂。”也许正因箕踞坐的随意性，在画像石、画像砖及各地壁画中表现此种坐姿的图像资料十分少见。蹲踞，其基本姿势为两脚着地，下肢屈折，以膝向上，这种坐姿较符合人体自然弯曲结构（图1-8）。从舒适度上来讲蹲踞相对舒适，但是却一直被视为一种不文明或者不礼貌的坐姿。孔子见原壤夷俟而不悦，段氏《说文解字》第八篇上，“居”字条注云：“原壤夷俟，谓蹲踞而待，不出迎也。”[②]至于何以将夷俟解释作蹲踞而待，吴大澂根据文字学解释为：夷为东方之人，夷字与人曲躬蹲踞之形特别相近。《白虎通》亦有记载“夷者蹲，夷无礼义”[③]。可见，在古人看来蹲踞实为一种傲慢或不礼貌的姿势。

图1-8　蹲踞人形玉佩[①]

跪坐并不是一种舒适的坐姿方式，但是它却在人类生活起居历史中存在了相当长的时期，原因在于其是符合礼仪规范的标准坐姿。箕踞（图1-9）、蹲踞虽然是更为舒适的坐姿方式，但是其不雅、无理、野蛮的标签使得它们不能被社会主流认可。从本质上讲，跪坐、箕踞、蹲踞之间并没有高下之别，都是人类文明发展过程中被赋予了坐姿之外的文化意义。靠着这种精神文化意念的支撑，古人忍受着腿麻的痛苦，将跪坐的坐姿方式保持了近两千年，直到唐

图1-9　箕踞姿俑[④]

①崔咏雪：《中国家具史·坐具篇》，明文书局1990年版，第13页。

②许慎撰，段玉裁注：《说文解字注》，上海古籍出版社1988年版，第399页。

③崔咏雪：《中国家具史·坐具篇》，明文书局1990年版，第13页。

④陕西历史博物馆藏，引自陕西历史博物馆官方网站。

宋以后才得以改变。

## 趺坐：文化融合下的新式坐姿

跏趺坐（图1–10），也叫趺坐，即我们常说的盘腿而坐，它是将腿盘起来，双脚交叉压在膝下，臀部直接着地。这种坐姿较之跪坐要舒服，身体的整个重心落在臀部，有利于腿部血液的流通，克服了因长时间跪坐而两腿发麻的弊端。

图1–10 ［唐］阎立本《历代帝王像》中的跏趺坐姿[①]

关于跏趺坐坐姿的起源，有两种不同的观点，一种认为与佛教相关，一种认为源自游牧民族的饮食习惯。跏趺坐源自佛教的观点较为普遍，因为跏趺这一名称本身就与佛教相关。“佛教传入中国后，一种新型坐姿开始影响中国人，这就是趺坐。佛教术语为‘结跏趺坐’。双足交叉，脚背置于左右股上，称之全跏趺；单以左足压右股之上，或以右足压左股之上，称之半跏趺。佛经讲，跏趺能减少妄念，集中思想。”[②]关于佛教图像中跏趺坐的例子很多，莫高窟壁画中有许多僧人像均为盘腿坐姿。高启安从莫高窟壁画中饮食图像的研究入手，提出：

①阮长江：《中国历代家具图录大全》，江苏美术出版社、南天书局有限公司1992年版，第55页。

②马未都：《坐具的文明》，紫禁城出版社2009年版，第12页。

"胡坐即盘腿坐，也叫趺坐。……胡坐是游牧民族的传统坐姿，它符合游牧民族围坐割肉而食的饮食方式。至今牧民在帐篷中进食，仍是盘腿而坐。"[①]高启安还根据文献资料的记载，否认了跏趺坐源自佛教本土的说法。他提到义净在《南海寄归内法传》中有记载："西方僧众将食之时，必须人人净洗手足，各各别踞小床。高可七寸，方才一尺，藤绳织内，脚圆且轻。卑幼之流，小拈随事。双足踏地，前置盘盂……未曾见有大床上跏坐食者……东夏诸寺，床高二尺已上，此则元不合坐，坐有高床之过……即如连坐跏趺，排膝而食，斯非本法。"[②]义净对中原僧人跏趺进食的坐姿提出了非议，并指出："闻夫佛法初来，僧食悉皆踞坐，至乎晋代，此事方讹，自兹已后，跏坐而食。"[③]高启安据此进一步指出："可以肯定的是中原僧人的跏趺坐食乃是佛教对已中原化的原属于游牧民族饮食坐姿的适应。"[④]

跏趺坐是否起源于游牧民族的饮食坐姿，由于文献及图像方面的支撑资料较少，已经无法梳理出清晰、有力的证据，但是，跏趺坐并非源自佛教本土却是有清晰证据的。从佛教早期造像来看，立姿较多，坐姿多为垂足坐，但是随着时间的推移，唐代却出现了跏趺坐盛行的现象。关于这一点，马未都认为："国人在坐姿上的改变与佛教传入中原的佛像坐姿形态呈逆向进行，国人从席地低坐逐渐去适应，最终改为垂足高坐，至宋定形；而佛坐姿从早期大部分的垂足坐向跏趺坐明显转化，至唐风行。这是一个奇特的文化现象，称之为文化转换，在

①高启安：《从莫高窟壁画看唐五代敦煌人的坐具和饮食坐姿》(下)，载《敦煌研究》2001年第4期，第23页。

②义净著，王邦维校注：《南海寄归内法传校注》(卷1)，中华书局1995年版，第31页。

③义净著，王邦维校注：《南海寄归内法传校注》(卷1)，中华书局1995年版，第32页。

④高启安：《从莫高窟壁画看唐五代敦煌人的坐具和饮食坐姿》(下)，载《敦煌研究》2001年第4期，第24页。

转换中相互汲取营养。”[①] 这是一种不同文化之间的相互影响和融合，这种融合是不同文化因素的相互适应，最终发展为适应当地文明需求的新的文化样式。因此，综合而言，跏趺坐是佛教文化、游牧民族的饮食习惯在中原文化的融合下产生的一种新的坐姿方式。

跏趺坐源自佛教的观点较为流行，其主要原因在于佛教的广泛传播。佛教出于自身宗教文化宣传的需要，会以壁画、雕塑的形式表现佛、菩萨的形象，这些形象更为直观和易被人记住，能在短时间内快速传播。跏趺坐在日常生活中的普及产生于魏晋至唐之间，这是有图像资料可以佐证的。1960年南京江宁西善桥发掘一座六朝古墓，墓中出土《荣启期与竹林七贤》画像砖。整幅画面分为两个部分，分列墓室左右两壁，为求画面的对称，在竹林七贤之外加入春秋时期的隐士荣启期。在这组画像砖造像中，竹林七贤形态各异，彰显着每个人的独特气质。其中阮咸便是以跏趺坐的姿态，坐于一张皮褥上，挽袖持拨，正在弹奏一件圆形四弦“琵琶”。因为阮咸擅长弹奏此乐器，后世命名这件乐器为“阮咸”，简称“阮”，流传至今。竹林七贤是魏晋时期著名的清谈之士，他们个性独特、清谈玄理、风度潇洒、崇尚自由。阮咸以跏趺坐姿势出现，更多应当是彰显其个性独特，也从侧面说明这一坐姿在当时应当尚不普及。至五代时期顾闳中所绘《韩熙载夜宴图》（图1-11）中，跏趺坐成为一种更为日常的坐姿。

图1-11 ［五代］顾闳中《韩熙载夜宴图》中的跏趺坐姿[②]

①马未都：《坐具的文明》，紫禁城出版社2009年版，第13页。

②故宫博物院藏，引自故宫博物院官方网站。

《韩熙载夜宴图》表现的是韩熙载在家中听乐、观舞、宴客等场景，其中也出现了韩熙载跏趺坐于椅子上的形象，体现了其身份的尊贵和主人的随性。

## 垂足坐:舒适坐姿的选择

自魏晋以来，人们逐渐意识到在席地坐、跪坐之外，还有一种更为舒适的坐姿方式——垂足坐。垂足坐是指人体高坐于某处，双腿自然下垂，以臀部支撑身体力量，这是一种较为舒适的坐姿，也是今日依然在使用的坐姿方式。

垂足坐的形象，早期较多出现于佛教造像中。在敦煌莫高窟的佛教造像中（图1-12），佛、菩萨以垂足坐示人的例子很多，其他如大同云冈石窟、洛阳龙门石窟等也有垂足坐姿出现。早期佛教形象中还有一种特殊的坐具——筌蹄。筌蹄在功能上类似凳子，不过形制与凳子却完全不同，凳面多为方形，有足；筌蹄则是圆形，无足，整体为束腰造型。筌蹄是南北朝时期的称法，也叫筌台、筌床。筌本义为捕鱼的工具，蹄为抓兔子的工具。《庄子·外物》中有“荃者所以在鱼，得鱼而忘荃；蹄者所以在兔，得兔而忘蹄”。[②]荃与筌是通假字，为捕鱼的竹器，蹄为捕兔的网子，“筌蹄”引申意义为工具、手段。在佛教语言中，筌蹄被视为获取佛道的途径，因此，在佛教造像中，经常出现在菩萨、维摩诘身下。筌蹄在敦煌莫高窟壁画中也多次出现，其中，最早的筌蹄形象出

图1-12　敦煌莫高窟285窟壁画像[①]

①金维诺:《中国美术全集·石窟寺壁画二》，黄山书社2010年版，第293页。

②庄周著，郭象注:《庄子》，上海古籍出版社1989年版，第142页。

现于北凉壁画，后来一直延续下来，在隋代的壁画中也可以看到细节表现十分精致的筌蹄形象。比如隋代莫高窟第280窟人字坡西坡壁画《佛母摩耶夫人》（图1–13）中，摩耶夫人就坐在一件筌蹄上，这件筌蹄外形与腰鼓类似，在坐面及接触地面的位置都装饰有莲花瓣，让人很容易与莲花座联想起来。此外，隋代莫高窟第420窟窟顶西坡左侧壁画中释迦牟尼所坐的筌蹄也是类似造型（图1–14）。筌蹄、莲花座成为佛教修行的重要象征物，广大佛教徒在日复一日的观摩和修行中，也逐渐意识到佛祖、菩萨在坐姿方式上的不同。筌蹄的使用方式为一腿半跏趺，一腿自然下垂，这也是相对舒适的一种坐姿。这种高坐的坐姿，在佛教中进一步发展，至宋代佛教造像流行“自在像”，这是一种发展变化的垂足坐方式。所谓自在像，多为自在观音菩萨，菩萨一腿趺坐或垂足坐，一腿散坐，这一形象统称为“自在像”。自在是指佛教境界，以心离烦恼之束缚，通达无碍为自在。这一坐姿所传达的自在、无碍的宗教精神为大众所普遍接受，让百姓认识到在跪坐之外还有其他样式的坐姿存在，为百姓思索自我的生活起居方式带来启发。

图1–13　隋代莫高窟第280窟人字坡西坡壁画《佛母摩耶夫人》[1]

图1–14　隋代莫高窟第420窟窟顶西坡左侧壁画中释迦牟尼所坐的筌蹄[2]

①邵晓峰：《敦煌家具图式》，东南大学出版社2018年版，第54页。

②邵晓峰：《敦煌家具图式》，东南大学出版社2018年版，第54页。

垂足坐，在人们日常生活中的普及源自家具的改革，这是因为人们想要垂足而坐，需要有配套的高型家具。坐具从低矮的床、榻、枰向高型坐具椅、凳、墩的发展，除了建筑空间及结构为高型坐具的使用提供了空间和技术外，较多受到魏晋时期胡风的影响。汉代以来，中原与西域游牧民族接触交流越来越多，游牧民族的生活器用、饮食习俗也逐渐传入中原，其中对于农耕民族日常起居产生较大影响的是胡床。胡床，即马扎，是西域游牧民族为了便于使用而设计出的一款可以折叠、方便移动的坐具。胡床传入的最早记录为东汉晚期，《后汉书·五行志》记载："（汉）灵帝好胡服、胡帐、胡床、胡坐、胡饭、胡箜篌、胡笛、胡舞，京都贵戚皆竞为之。"[①]汉灵帝因胡风新奇而喜好，京城贵族也纷纷效仿，可见，胡床应当传入时间不久。胡床的形象，在《北齐校书图》中可以清晰看到，其形制与今日之马扎基本无异。胡床一般为一人使用，在敦煌莫高窟257窟壁画中曾出现双人胡床形象，长度如条凳，结构与单人胡床相同，后世较少见，应该是没有普遍流行。

图1-15 ［唐］持胡床侍女[②]

胡床因其使用舒适、可折叠、方便随身携带等优点，自传入后就迅速为汉民族接受（图1-15）。三国后，文献中关于胡床的资料迅速增多，《三国志·魏书》中引用《曹瞒传》记载："公将过河，前队适渡，超等奄至，公犹坐胡床不起。"[③]由此可见，曹操在行军过程中即是以胡床为坐具，也从侧面说明胡床初期主要在社会上层流行，被有一定身

①范晔：《后汉书》，浙江古籍出版社2000年版，第944页。

②陕西三原焦村唐代淮安靖王李寿墓石椁线图。

③陈寿：《三国志》，崇文书局2009年版，第17页。

份地位的人使用。胡床的基本结构在历史发展中没有发生本质改变，至唐代，在原来基础上增加了靠背，使其使用起来更为舒适。关于这一点，在宋人陶縠的《清异录》中有记载："胡床旋转关以交足，穿便绦以容坐；转缩须臾，重不数斤。相传唐明皇行幸颇多，从臣或待诏野顿，扈驾登山，不能跛立，欲息则无以寄身，遂创意如此，当时称'逍遥坐'。"[①]这条文献包含了多重信息：一是至唐代胡床依然受到广泛欢迎；二是胡床的优点被提及，即可折叠、轻便、便于携带；三是文中提到"创意"一词，可推测唐明皇时期的胡床在样式上已经有了变化，这里的"逍遥坐"应当是指已经增加了靠背的胡床。这种带靠背的胡床，在宋代更为流行，文人雅士外出游玩时经常携带，方便途中临时休息、观景、喝茶时使用。苏轼有一首诗，诗名为《点绛唇·闲倚胡床》，其诗曰："闲倚胡床，庾公楼外峰千朵。与谁同坐，明月清风我。"[②]从"倚"字的使用也可旁证宋代胡床已有靠背。

毫无疑问，佛教传播带来的不同坐姿方式，以及游牧民族胡床的传入，共同影响着中原汉民族的生活起居方式。跪坐的"正统"地位逐渐动摇，垂足坐逐渐为人们所接受。需要强调的是，虽然垂足坐是更为舒适的一种坐姿方式，但是，它在中原地区被广泛接受并最终替代跪坐，是一个较为漫长的过程。唐代处于一个各种坐姿杂处的时期，在绘画作品中可以看到不同坐姿的出现。在唐五代时期的敦煌壁画中，出现大量垂足宴饮图，说明垂足坐已经成为一种普及、为社会认可的坐姿。同时，宋人庄绰撰《鸡肋编》记载："古人坐席，故以伸足为箕踞。今世坐榻，乃以垂足为礼，盖相反矣。盖在唐朝，尤未若

①陶縠：《清异录·卷三》，中华书局1991年版，第225页。

②苏轼著，朱孝臧编年，龙榆生校笺：《东坡乐府笺》，上海古籍出版社2016年版，第430页。

③阮长江：《中国历代家具图录大全》，江苏美术出版社、南天书局有限公司1992年版，第83页。

此。”[①]按照庄绰的说法，在宋代垂足坐已经成为一种礼仪（图1-16），而在唐代垂足坐未必是符合礼法的坐姿。这样就出现了两种相互矛盾的观点，一方面在唐五代敦煌壁画中，垂足坐已经成为一种普遍坐姿，并出现在宴饮场合。另一方面，庄绰又提出“盖在唐朝，尤未若此”。这种矛盾性可能也正是历史的真实性，即不同区域对同一事物的接受存在地区差异性。垂足坐在唐五代时期的敦煌已经成为普遍的坐姿方式，而在中原地区则要到宋代才完全被人们所接受，也许是对这一矛盾观点的合理解释。

图1-16 [宋]《五学士图》中的垂足坐姿[②]

不管是在日夜膜拜的佛教造像中发现了端倪，还是在游牧民族轻便舒适的胡床启发下，坐具的改革不可避免地发生了。从跪坐转变为垂足坐的过程并不容易，古人与符合礼法制度的标准坐姿——跪坐的观念进行了长时间的博弈。在外来文化的浸染和影响下，坐具还是朝着符合人的生理特点的方向发展。人们最终放弃了已经沿用了近两千年的跪坐坐姿，选择更为舒适的垂足坐。这也说明中国传统文化具有开放的文化特质，能够敞开胸怀，兼容并蓄，吸纳其他文化和民族带来的新鲜思想。垂足坐的选择，改变了人们的生活起居方式，原本适应跪坐方式的床、案一类的低矮型坐具渐次退出人们生活，转而发展起来的是适应垂足坐的高型家具。坐具的形制与品类也日渐丰富起来。

①庄绰：《鸡肋编》（卷下），上海书店出版社1990年版，第29页。

②阮长江：《中国历代家具图录大全》，江苏美术出版社、南天书局有限公司1992年版，第83页。

## 第三节　高型坐具的发展及分类

垂足坐产生初期，人们较多使用的还是床这一主流坐具。然而，床始终是适应跪坐生活方式下的坐具，即使后来床的高度普遍提升，但作为垂足坐的坐具还是不够方便。垂足坐是受到外来文化影响而逐渐被汉民族接受和使用，因而，适合垂足坐的高型坐具需要根据中原民族的生活习惯、审美取向重新进行设计。在现实生活需求的激励下，适应垂足坐姿的坐具得到迅速发展，坐具的形制和类型比低矮型坐具时期丰富得多。

### 椅子的起源

高型坐具中最典型的是椅子，但是关于椅子的起源，目前却没有明确而统一的说法。最早的椅子是如何被创造出来的？这个问题并不容易回答。我们可以回到历史中寻找一些线索。

一种观点认为椅子起源于胡床。前面提到，胡床由西域游牧民族传入中原地区，南朝诗人庾肩吾有一首《咏胡床应教》诗，“传名乃外域，入用信中京。足欹形已正，文斜体自平。临堂对远客，命旅誓初征。何如淄馆下，淹留奉盛明”。诗中明确指出胡床源自外域。胡床最初的形状与今日仍在使用的“马扎”基本一致，因其形制的突出特点是两木相交，因而，在隋代因为忌“胡”字而改称时，也被称为交床。《长物志》中记交床：“即古胡床之式，两脚有嵌银、银铰钉圆木者，携以山游，或舟中用之，最便。”[①]唐代胡床发展为“逍遥坐”，即在胡床基础上增加了靠背，这样就出现了一种与后世高型坐具十分类似的



①文震亨撰，胡天寿译注：《长物志》，重庆出版社2017年版，第133页。

坐具（图1-17）。可以说，胡床在中国高型坐具的发展过程中起到重要的启蒙作用。《格致镜原》中有对“逍遥坐”的描述，称其：“以远行携坐，如今折叠椅。”[2]至宋代，对坐具的命名已经开始流行用“椅”字，因此带靠背的胡床又被称为“交椅（倚）”。宋代交椅在靠背样式上有直靠背和圆靠背两种。交椅是高坐型家具中的一类，胡床与交椅关系密切，但是，能够据此认为椅子起源于胡床吗？恐怕并不能如此简单地得出结论。

图1-17 ［清］木金漆交椅[1]

在关于椅子起源的研究中，还有一种观点，认为椅子起源于绳床。绳床，以板为之，后有靠背，左右有扶手，坐面为麻、棕、藤绳编织的坐屉，因此得名绳床。绳床与佛教关系密切，早期为古印度地区佛教徒的坐具。据《摩诃摩耶经》记载，释迦牟尼涅槃前曾对弟子阿难说：“‘可安绳床而令北首，我今身体极大苦痛，人于中夜当取涅槃。’阿难受教，施绳床已，佛即就卧右肋着地。”[3]此外，绳床多次出现在与佛教徒、高僧相关的文献记载中。“东晋怀帝永嘉年间来中原的天竺人佛图澄，当石勒率兵占领襄国后，城内水源匮乏，佛图澄称可以作法获水，作法时‘坐绳床’，‘咒愿数百言’，果然三日水出。”[4]绳床传入后，其功能主要是方便佛教徒修行，它的坐面相对宽大，这样才可以行跏趺坐。从绳床图像资料来看，盘腿坐于绳床上的图像十分常见，并且随着它的发展，绳床的坐面也逐渐不再使用绳编而改用木板，这样，绳床的外观与后世的椅子就更为相近了。

①故宫博物院藏，引自故宫博物院数字文物库官方网站。

②陈元龙：《格致镜原》，上海古籍出版社1992年版，第86页。

③邵晓峰：《敦煌家具图式》，东南大学出版社2018年版，第84页。

④邵晓峰：《敦煌家具图式》，东南大学出版社2018年版，第84页。

椅子起源于绳床的说法似乎更容易被人们所接受，而起源于胡床的说法，除了交椅源自胡床的因素之外，还有一个原因，即在实际使用中，古人混淆了胡床与绳床的概念。如宋人王观国《学林》中“绳床”条载：“绳床者，以绳贯穿为坐物，即俗谓之交椅之属是也。”[①]前面提及交椅时，已经明确指出它的一个特点是可以折叠，便于移动，因此常常在出行时使用。绳床则不具备可折叠的特点。《太平广记》“洪昉禅师”条记载：武周时禅师为鬼王女做法事，鬼王下属“四人乘马，人持绳床一足，遂北行”[②]。这条记载表明，绳床并不能折叠，若可以如胡床一般折叠，也不必人持一足前行了。《资治通鉴》卷二四二胡注引程大昌《演繁露》中，对胡床与绳床的区别解释更为明确，“交床（即胡床）、绳床，今人家有之，然二物也。交床以木交午为足，足前后皆施横木，平其底，使错之地而安；足之上端，其前后亦施横木而平其上，横木列窍以穿绳条，使之可坐。足交午处复为圆，穿贯之以铁，敛之可挟，放之可坐；以其足交，故曰交床。绳床，以板为之，人坐其上，其广前可容膝，后有靠背，左右有托手，可以阁臂，其下四足著地”[③]。这段文献，将胡床与绳床从形制到使用的区别讲得清晰明白。唐宋之际，两者存在概念上的混淆，大概与两者都以床命名，并且两者都使用绳编坐面有一定关系。

关于椅子起源的说法各有说辞，让人无法轻易做出判断。胡床说或绳床说，都有一定道理，却也都能找出相悖的地方。绳床，从外观来讲，有靠背、扶手，四足着地，这几个因素都与椅子十分相似，但是，绳床的高度较矮，从其以“床”命名也可看出，它尚留有跪坐家具的尺度特点。同时，就绳床的结构比例而言，绳床的尺度较椅子要大，这与它趺坐的使用方式相关，坐面尺寸太小无法容纳人盘腿坐在

①王观国撰，田瑞娟点校：《学林》，中华书局1988年版，第127页。

②李昉：《太平广记》，上海古籍出版社1990年版，第506页。

③司马光著，胡三省注：《资治通鉴》，中华书局1956年版，第7822页。

上面。至于胡床说，通过文献资料和图像资料的互证，能够比较明确的是它影响了交椅的发展，但是交椅的形制在椅子中算是比较特殊的，四足着地才是椅子中较常规的形制，所以椅子起源于胡床的说法也有些牵强。从坐具发展的历史来看，椅子经过唐代之后就比较成熟了，这在五代绘画作品《韩熙载夜宴图》中表现得十分清晰。结合魏晋以来至唐代的政治形势与文化风气，这一时期整体属于文化融合的阶段，外来佛教文化与西域游牧民族文化的传入，丰富了中原文化。在这种文化交流与融合中，人们的坐姿方式发生了变化，高坐型椅子也逐渐出现。胡床与绳床应当都属于从低矮型坐具向高型坐具发展的过渡期坐具。椅子的发展历史，并不是一件容易厘清的事情，但是，高坐型坐具的时代终于到来了。

## 椅子的分类

《说文·木部》曰："椅，梓也。从木，奇声。"[①]椅，原意是指一种树木，宋代开始以"椅"替代"倚"，后逐渐成为高型坐具的指称。椅子的分类，按照有无扶手，可以分为扶手椅和靠背椅两大类。扶手椅，顾名思义，是指后有靠背，两侧有扶手的椅子，根据扶手和靠背样式的不同，又可以分为官帽椅、玫瑰椅、宝座等。靠背椅（图1-18），也是一个泛称，指有靠背无扶手的椅子，靠背椅的分类主要依据靠背上方搭脑的不同，分为一统碑椅、灯挂椅。当然，由于地域的差

图1-18　靠背椅[②]

①许慎撰，段玉裁注：《说文解字注》，上海古籍出版社1988年版，第241—242页。

②故宫博物院藏，引自故宫博物院数字文物库官方网站。

异，椅子分类在具体的名称和品类上还有很大不同。以下选择几种常见的椅子进行介绍。

### 官帽椅

官帽椅（图1-19）在明代开始流行起来，因其搭脑与明代官宦的官帽相似而得名。它是传统坐具在当代生活中依然盛行的椅子样式。官帽椅的造型结构在南方和北方有所不同，北方地区官帽椅搭脑、扶手均出头，称“四出头官帽椅”。南方地区官帽椅搭脑扶手均不出头，称为南官帽椅（图1-20）。四出头官帽椅扶手与搭脑多为弧形曲线，对材料的品质与工艺的要求较高，扶手与搭脑部位的自然外延与舒展，给人带来昂扬大气的感受。不出头的南官帽椅，搭脑与扶手曲线多内收，给人以温和内敛之感。南北方官帽椅虽形制差异鲜明，但基本造型元素相同，都注重使用的舒适性，尤其是椅子靠背的处理。官帽椅的靠背板作为使用者后背的主要承力部位，为了使背板的形状、曲度与人的脊背相适宜，官帽椅选用“S”形或“C”形的靠背形式。从科学的角度分析，也是符合人体工学原理的设计，良好的舒适性也成为官帽椅能够流行于世的原因。

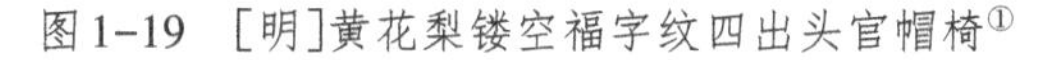

图1-19 [明]黄花梨镂空福字纹四出头官帽椅[①]

图1-20 紫檀南官帽椅[②]



①马未都：《坐具的文明》，紫禁城出版社2009年版，第88页。

②王世襄编著，袁荃猷绘：《明式家具萃珍》，上海人民出版社2005年版，第55页。

### 圈椅

图1-21　[清]红木全素圈椅[1]

圈椅（图1-21）由交椅演化而来，圈椅最早出现在五代，盛行于明代。圈椅的底足为四足着地，与一般椅子没有差别，上半部分靠背及扶手借鉴交椅样式，将靠背与扶手连为一体，形成很有形式美感的弧度。圈椅是传统坐具中非常有代表性的器型，其整体造型外圆内方，因搭脑与扶手由高至低形成流畅的曲线，古时称圈椅的椅圈为“栲栳样”。圈椅制作多用圆料，装饰以光素居多，也有在靠背上装饰花纹的，但花纹也多素雅，显示出圈椅的清雅与文气，传递出天圆地方的自然观念。圈椅背板整体呈“S”形，兼顾美观与实用。圈椅是很有特色的传统坐具样式，线条整体曲直兼备，用料选材自然，体态的丰盈与柔婉不言自明。唐代周昉《挥扇仕女图》中贵妇人斜坐于圈椅之上，贵妇人的柔美端庄与圈椅的大方雅致相得益彰，相辅相成。

### 灯挂椅

灯挂椅（图1-22）属于靠背椅的一种，最早出现于五代，后流行于宋元。灯挂椅造型灵巧且富有意趣，因其搭脑向两侧挑出，与南方挂在灶壁上用以承托油灯灯盏的竹制灯挂近似，由此得名。灯挂椅的搭脑两端出头且微微上翘或做成软圆角，方便倚靠。灯挂椅的靠背板多无装饰，也有在靠背中心雕饰简单图案的情况。靠背制作以使用时倚靠的舒适感受为优先考虑因素，整体风格与靠背椅简练实用的特征保持一致。五代《韩熙载夜宴图》中已经出现灯挂椅的身影，在南宋苏汉臣《货郎图》中也有出现，只是其应用度不及扶手椅之类高。

①观复博物馆藏，引自观复博物馆官方网站。

图1-22 [清]黄花梨罗锅枨加矮老带枕灯挂椅①

## 玫瑰椅

玫瑰椅（图1-23）最早在宋代出现，明代较为常见，后流传至今。以“玫瑰”为椅名应当有其出处，但是其具体原因至今没有定论。玫瑰椅又叫“文椅”，是文人雅士比较喜欢的一种坐具。它装饰精美，造型别致，有一种典雅之美，因而有的学者指出古人用泛指宝石、美玉的“玫瑰”来命名，这应当是一种美誉。玫瑰椅的造型比较独特，具有鲜明特征：其一，整个造型十分方正，以直线为主，靠背、扶手、坐面都为垂直角度；其二，玫瑰椅靠背高度较矮，比扶手高度略高一些，较其他椅子造型特征明显；其三，玫瑰椅的用材多较细，装饰、制作精美。玫瑰椅的造型特征与其使用环境、使用人群有关，一般为文人雅士用于书房、厅堂、画轩、小馆等。因其形制低矮，放于厅堂或者窗前不遮挡室外风景，便于欣赏园林景致，而深受文人喜爱。独特的造型与便

图1-23 紫檀夔龙纹玫瑰椅②

①马末都：《坐具的文明》，紫禁城出版社2009年版，第118页。

②故宫博物院藏，引自故宫博物院数字文物库官方网站。

于装饰的用途，使玫瑰椅成为宋画中较常出现的家具形象。在《西园雅集图》《围炉博古图》中都出现了文人使用玫瑰椅的形象，其独特的造型，增加了画面的古雅气氛，这种造型的椅子至明代依然被画家不断描摹，可见其流行程度。

### 宝座

宝座（图1–24）又叫宝椅，是坐具中体量最大的一种，多指帝王所用的坐具，是帝王权力与地位的象征。宝座，从其名字的命名就可看出其主要特点，选材以紫檀为主，用料厚实，形制庄重，椅身多有繁复的雕刻纹饰和珍宝镶嵌，极尽富丽繁华。宝座的形制较一般座椅要大，从尺寸上看，与小榻类似，但是其样式和装饰却要复杂得多。宝座一般单独陈设，放置于宫殿的正殿明间，专供皇帝及后妃使用，放置于配殿客厅时也要放于室内中心或显要位置，凸显庄重与尊贵。因而，对宝座而言，身份地位的象征意义要大于实用意义。

图1–24　[清]紫檀嵌玉菊花图宝座[1]

①故宫博物院藏，引自故宫博物院数字文物库官方网站。

## 凳

高型坐具，除了椅子之外，还有两个大的品类——凳与墩，这两类坐具也是今天我们依然在使用的坐具。凳，是一种没有靠背的有足坐具。从文献记载的历史来看，凳应当是汉代之后才出现的，东汉许慎的《说文解字》中并没有关于“凳”字的解释。凳，最早并不是作为坐具使用，是搭配床使用的蹬具。南宋吴曾《能改斋漫录·事始二》记载：“床凳之凳，晋已有此器。”[①]伴随着垂足坐的普及，凳也逐渐成为一种可垂足坐的坐具，并在宋代变得较为普遍。根据凳的形状，可以分为方凳、长凳及圆凳等。

### 方凳

方凳（图1-25）因凳面呈方形而得名，基本结构为平坐面加四足，足间一般不加连枨。方凳的视觉图像较早出现在敦煌第257窟北魏壁画《沙弥守戒自杀图》中，图中共三只方凳，其中两只为典型的方凳形制，凳面方正，下有四足，足间无枨。与后世方凳略有不同的地方是其四足造型，呈现一种从两端向中间逐渐变细的形态，这与后世凳腿上下基本为直线很不一样。图中另一只凳子的造型为一个立方体结构，没有足，坐面非常高，凳子上的僧人只能脚尖着地勉强垂坐。方凳在逐渐发展为高型坐具的过程中，其样式也逐渐演化，增加了束腰、梁柱等造型，外观更趋美化。唐代《听琴图》中所绘方凳与常规方凳不同，凳面虽为正方形，但边缘为曲线形，在线条装饰上富有变化。方凳具有无靠背、无扶手、可以随意

图1-25　[明]黄花梨木方凳[②]

①吴曾：《能改斋漫录·上》，上海古籍出版社1979年版，第32页。

②故宫博物院藏，引自故宫博物院数字文物库官方网站。

搬动、使用不受空间与场合的限制等特点，简洁的造型使方凳在宋代以后得到了广泛使用。方凳多选用常见木材制作，与桌、几等配合运用，且使用方便，因而成为大众广泛喜爱的坐具之一。

**长凳**

凳在宋代被称作橙，南宋洪迈记："有风折大木，居民析为二橙，正临门侧，以待过者。"[1]长凳，凳面狭长无靠背，呈长方形，根据尺寸的不同又可分为条凳、二人凳、春凳，其中，也有将春凳归于二人凳之列的。长凳基本形制没有太大区别，尺寸的不同，产生了各式条凳。条凳（图1-26）凳面最窄，有一人凳，也有二人凳，是长凳中尺寸较小，使用比较灵活的一类。长凳中较为独特的是春凳，春凳凳面较宽，体量相对较大，面板也较厚，除承坐功能之外，兼可承物。关于春凳名字的起源，一说取其春来喜庆之意，因为春凳是民间常用的嫁妆家具，取"春"字以示喜庆。另有一说，春凳是男女欢爱的道具，这一点在《金瓶梅词话》第60回与第82回中都有提及，这应当是明清以来的一种说法。

图1-26　条凳[2]

长凳的形象在唐代敦煌壁画中，一般为佛或菩萨使用。在南宋刘松年的《天女献花图》中（图1-27），对菩萨所坐的长凳描绘得十分细致。该凳长度较长，

图1-27　[南宋]刘松年《天女献花图》[3]

①洪迈撰，何卓点校：《夷坚志》，中华书局1981年版，第391页。
②王连海，白小华：《民间家具》，湖北美术出版社2002年版，第26页。
③邵晓峰：《中国宋代家具》，东南大学出版社2010年版，第115页。

坐面较宽，完全可以容纳两人使用。凳子装饰华丽，凳面四周绘有大小均匀的方格，方格内绘有圆圈纹，镶嵌的是宝石之类。凳足的造型也十分独特，为两端粗中间细的造型，上下各为一个仰覆铃状造型部件，中间以一圆形珠宝状部件相连，其华丽程度显而易见。当然，现实生活中使用的长凳一般不会如此华丽。到明清时期，长凳开始在民间流行，成为普通百姓日用家具。整体而言，长凳由于其尺寸的多样化，可坐、可卧、可承物，能够满足人们的不同需求，在民间使用十分普遍。至今，许多地区依然有使用条凳的习惯。

### 圆凳

圆凳（图1-28），因凳面为圆形，故名圆凳，其产生与兴盛的时间与方凳相近，都是在宋代开始普及，在明代得到进一步发展。也说圆凳是将杌与墩相结合，在形制和样式上结合了两者的主要特征。圆凳类比方凳，基本做法相同，与方凳的不同在于圆凳有三足、四足、五足甚至六足、八足的形式，三足者几乎无束腰，四腿以上者多有束腰。从用料上看，圆凳比方凳制作更为讲究，多选用较好的木料制成，制作工艺较为精细。

图1-28　[清]黑漆撒螺钿珐琅面双龙戏珠纹圆凳①

圆凳也是宋代绘画作品常表现的对象，南宋苏汉臣《长春百子图》

①故宫博物院藏，引自故宫博物院数字文物库官方网站。

中的圆凳，四腿向内弯曲，脚似如意形向内勾起，凳面盖有丝织物，织物边缘有流苏自然下垂，能够看出凳面外廓为圆形。在宋高宗书、马和之绘的《孝经图》中也有一只圆凳，凳面没有遮盖，结构十分清晰。这只圆凳样式明显复杂，腿足处做了造型并有精细的雕饰，在凳腿下做了圆形托泥，托泥之下又有三瓣状小足。这种在托泥之下又加小足的形式，当是宋代的创新。明代圆凳造型显现出厚实凝重的特点，凳面也衍生出梅花形、海棠形等更多造型，做工更为精细，整体结构更稳固且形象更优美。

## 墩

墩，本意是指土堆，《北堂书钞》引晋郭璞《尔雅》注："江东呼堆为墩。"[①]唐代李白《登金陵冶城西北谢安墩》："冶城访古迹，犹有谢安墩。"古人将浑圆饱满的土堆称为墩，作为坐具名称使用的"墩"，应当与其造型的饱满敦厚相关。(图1-29)"墩在中国唐代已有较多的发展，到了宋代，则有更大程度的革新。根据墩的造型可分为鼓墩、圆墩、方墩等，根据墩的材质可分为绣墩、藤墩、石墩、瓷墩等。"[③]

图1-29 [宋]赵佶《文会图》(局部)[②]

①虞世南：《北堂书钞》，天津古籍出版社1988年版，第722页。

②台北故宫博物院藏，引自世界艺术鉴赏库官方网站。

③邵晓峰：《敦煌家具图式》，东南大学出版社2018年版，第50页。

### 绣墩

墩是一种无靠背坐具，特点是坐面下方不用足，采用攒鼓的做法，形成两端略小中间突出的鼓状，这也是墩与凳在形制上的本质区别，凳是框架结构，凳面下方有足。五代时期，开始出现在坐墩上面铺设兼具防尘和装饰效果的绣套，称为绣墩（图1-30）。到宋代坐墩已经开始广泛使用，这一时期的坐墩有两个突出特点，一是保留了藤墩的圆形开光，二是具有模仿鼓腔固定皮子的鼓钉形装饰。这种鼓钉装饰一直延续到明代仍有使用，而且不分材质，在瓷墩上也可见到鼓钉装饰。绣墩的突出特点是墩面上方会铺设刺绣精美的绣套，加上本身体型较小，宜陈设在小巧精致的房间内。同时，由于绣墩极具装饰效果，也常常在绘画作品中出现。

图1-30　[清]紫檀木雕花纹绣墩①

### 藤墩

墩在汉代已经出现，早期多用竹藤编制而成。藤墩的形制为鼓形，以鼓腹开光为特点。在敦煌壁画中多次出现藤墩形象，有些壁画对其描摹十分细致，结构和材质都清晰可辨。比如晚唐莫高窟第85窟壁画《树下弹筝》中，树下弹筝者与听筝者都垂足坐于墩上，可以清晰看到坐墩以成组的竹片或藤条交叉斜向编扎而成。五代莫高窟第100窟壁画《善友太子与利师跋国公主》中也有两件墩，用平行成组的竹片或藤条以水平和垂直方向进行交替编扎而成，其结构肌理非常清晰。在南宋画家刘松年的《五学士图》中也可见到藤墩的身影，画中一男子背对观者坐于一藤墩上。藤墩以藤条环绕编制成椭圆形环，圆环相连形成自然开光。藤墩既利用了藤条的弹性，也保证了舒适透气。相较

①故官博物院藏，引自故宫博物院数字文物库官方网站。

于绣墩和瓷墩的敦实与厚重，藤墩的轻巧与便利性更为明显。

### 瓷墩

瓷墩（图1-31）是瓷制的坐墩，较之木质、竹藤类更坚实，也更适合在庭院中使用。将陶瓷用于家具制作在唐代已有先例，根据《陶说》记载，瓷墩应当始于宋代，但宋元瓷墩实物至今少见，目前最早实物是明正德时期的制品。明清时期制瓷工艺得到空前发展，制作技艺及装饰手法也更加成熟，这为瓷墩的烧制创造了技术条件。明代瓷墩坐面多微微隆起，清代多为平面。装饰图案上，依然保留了坐墩的典型元素鼓钉，装饰手法上则结合瓷器的常用装饰，青花手绘、彩瓷、贴塑等都较为常见。

图1-31 ［明］五彩龙穿莲池纹瓷绣墩①

通过以上内容，我们梳理了传统坐具发展的基本脉络，对古人如何从席地坐改为垂足坐的过程有了认识。虽然垂足坐是更为舒适的坐姿方式，但是古人还是花费了较长的时间才由跪坐慢慢过渡到垂足坐。通过对古代坐具从席、榻、枰到椅、凳、墩发展过程的梳理，我们了解了今日仍在使用的许多坐具的历史。借助丰富的文字资料、图像资料和实物资料，我们对各式坐具的样式、结构有了基本认知。在文字资料中，人们细致记载着与坐具使用相关的礼仪规范、士人奇闻，在画像石、壁画、绘画作品中，人们细致描绘着坐具的形制、使用场景以及使用时人们的姿态，这些都为我们进一步研究坐具提供了丰富的基础资料，为我们了解传统坐具、了解古人生活方式提供了重要依据。

①故宫博物院藏，引自故宫博物院数字文物库官方网站。

# 第二章　选料挑材:传统民间坐具的选材

任何器物的制作，材料选择都是首先要考虑的问题。古代典籍中关于工艺造物的记述并不多，先秦典籍中较集中论述的文献首推《考工记》。《考工记》是我国历史上第一部工艺专著，对器物制造活动的地位、职能、性质、特点、要素等均有论述，其中关于工艺造物的规范、原则的内容，时至今日仍有参考价值。《考工记》开篇讲道："天有时，地有气，材有美，工有巧，合此四者，然后可以为良。"[①]只有符合了天时、地气、材美、工巧四个条件，并将四者很好地配合起来，才能制作出称得上精良的器物。其中将"材美"作为工艺造物的基本条件之一，表明材料在工艺造物过程中起着十分重要的作用。柳宗悦在其著作《工艺文化》中也提到"什么样的材料产生了什么样的器物"[②]，器物与材料之间关系密切。可见，对传统工艺造物的研究离不开对材料的分析。对于传统民间坐具的探讨，选料挑材也是研究的首要问题。



①闻人军：《考工记译注》，上海古籍出版社2008年版，第4页。

②柳宗悦著，徐艺乙译：《工艺文化》，中国轻工业出版社1991年版，第82页。

# 第一节　传统民间坐具选材的自然性特点

传统民间坐具在选材、用材上有自己的特点，较突出的一点是其自然性。传统民间坐具选材的自然性指两个方面：一是选用材料为自然界中天然可得的材料，二是材料的获取、处理及使用都遵循顺应自然的方式。

## 身边的材料

对自然进行模仿是人类造物之初的普遍共性。打制石器的产生即是人类对自然界中天然形成的石器的模仿。在日常生产、生活过程中，人们积累了用物的经验，从而开始尝试打制某种工具。原始彩陶艺术更是很好地体现了人们在造物活动中如何向大自然学习，从狗形陶壶、鸮形鬶、人形瓶的造型到鱼纹、蛙纹、花瓣纹的装饰，无一不是人们向大自然学习的结果。从中国传统坐具发展的历史来看，坐具选材也具有自然性的特点。传统民间坐具的主要用料为水草、竹、藤、木，也有部分石料、陶瓷等。这些均为坐具的主要选材，若涉及装饰用材，则范围就比较广，象牙、贝壳、金银等都有使用，也出现了铁制或铜制的包边，而金属包边的情况产生在坐具成熟期。若以坐具的主体选材而言，无论是竹木柳藤还是陶土石材，其显著特点就是这些材料均为自然界的天然材料。

在坐具的漫长发展历史中，人们积累了关于自然材料特性的丰富经验，为坐具更好地发展提供了基础。早期坐具以席为主，而席的用材大多为水草、竹子，根据选用材料的不同，可以分为不同等级的席。竹材是坐具用材中的常用材料，即使是进入高坐型家具阶段，也依然是制作坐具的主要材料之一（图2-1）。自然界中的竹子品类很丰富，不同的竹子有不同特性。比如在当代竹编工艺中依然使用的就有毛竹、水竹、金竹等。毛竹杆壁较厚，材质坚硬，韧性好，节间最长可达45厘米，好的毛竹纤维长度可达2毫米左右。根据毛竹自身所具有的特点，它可以用于畚箕、箩筐、席子、塔篮、夹口提手等牢固之处。水竹，俗名溪滩竹，邑内小溪塘边多有种植，竹竿通直，高达三四米，竹径二三厘米。水竹节间比其他竹子更长一些，通常为30厘米左右，材质韧性极强，是编织精细工艺竹器的最好选择。金竹，学名金毛竹，品性与紫竹相近，竹竿材质坚韧，杆壁较薄，易劈篾，可以用来编织小巧的工艺品。席类的用材以毛竹、水竹等韧性较好便于编织的竹子为主，竹椅类的用材可选范围略广，青皮竹、粉单竹、茶杆竹、淡竹、撑篙竹、麻竹、毛竹均可使用。另外，编织类所使用竹材的竹龄一般为三到六年生，这个年限的竹子其韧性正好适合编织。如果选择太嫩的则竹纤维强度不够，做成的竹器容易坏掉；如果选择太老的竹材则韧性不佳，不适合编织。

图2-1 《玉簪记》木刻插图中的竹椅①

## 木材的优势

传统民间坐具的选材，最主要的用材还是木材。选材由竹藤转向以木材为主，是坐具发展的必然选择。一方面，中国古代建筑以木建筑为主，在木建筑的发展过程中，木工艺得到充分发展，积累了丰富的卯榫结构经验，为木质坐具发展提供良好技术基础，这也是其他工

①濮安国：《明清家具鉴赏》，西泠印社出版社2004年版，第31页。

艺类型无法具备的技术优势。另一方面，坐姿的变化势必引起坐具造型的变化，原本的水草、竹藤类材质无法完全满足垂足坐的高型坐具的要求，因而逐渐被方便造型的木材所替代。

器物造型与材料的选择有很大关联，材料的选择在一定程度上影响了器物的造型。材料的属性不同，其可塑性差异很大，某些造型只能用某种材料来表现，换一种材料就无法达到预期效果。初期坐具选择水草、芦苇、竹子等作为主要原材料，一是这类材料较易获得且加工难度不大；二是这类材料能够满足坐具造型对于材料性能的要求。魏晋至隋唐宋时期，为跪坐与垂足坐同时存在并逐渐向垂足坐过渡的时期。在此期间，各式椅、凳、墩类高型坐具逐渐发展起来。由于水草、竹、藤材料自身的限制性，它们无法满足高型坐具的加工制作要求，因而，坐具用材逐渐转向木材，各种木制的椅子、凳子蓬勃发展起来。当然韧性较好的竹材、藤材并未完全被淘汰，在高型坐具中仍被使用，但是像早期的水草、芦苇等则退出坐具用材行列（图2–2）。坐具以木材为主要用料后，其造型日渐成熟、雅致，卯榫结构也日趋精密、复杂，加之国内精湛的漆工艺技术，使漆木坐具在宋元时期达到顶峰。经过宋代的发展，传统民间坐具的主要样式均已产生，在样式方面进行创新已经非常困难。明代家具的发展主要从材料方面进行突破。随着国内经济的发展及与邻近国家商品交流的扩大，明代隆庆初年，开放海禁，“准贩东西三洋”。于是，出产于热带的硬木等海外货物源源不断地流入中国，这为明代坐具的发展提供了材料。这些热带木材因具有纹理、色彩的自然美，且木性稳定、加工性能好、抛光面光洁、耐久性强，能以较小的断面制作出精密、

图2–2　折叠椅[1]

①张福昌：《中国民俗家具》，浙江摄影出版社2005年版，第139页。

复杂的卯榫结构等特点，很快被家具制造行业采用，加上当时独特的打蜡技术，从而创造了中国古典家具的代表作——明式家具。明式家具（图2-3）以结构部件为装饰，不事雕琢，充分反映天然材质的自然美。明式家具的成熟与完善，同时完成了坐具选材由漆木向硬木的转变。材质变化带来的是坐具造型特征、工艺技术、审美观念的整体转变。

图2-3 明式二出头靠背椅①

从坐具选材的角度来看，传统民间坐具的发展经历过两次大的转变：一次是由水草、竹藤转向漆木，另一次则是由普通木材转向优质硬木。在此过程中，坐具造型亦发生变化。坐具用材与坐具造型之间互相影响，在第一次转变过程中，坐具造型的改变导致了坐具用材的重新选择，而在第二次转变中，即由漆木坐具转向以硬木为主的明式坐具则几乎可以说是由用材的变化直接引起的，材料在其中起到了关键性作用。

### 顺应自然

传统民间坐具选材的自然性特点，还有一层重要含义是材料的取材、用材过程中都遵循顺应自然的观念。比如，竹材的取材时间一般在入冬后立春前，这个时间段天气比较寒冷，竹材不易生虫。具体选材时需要选择向阳生长、上下粗细差不多、竹节较少的竹子，尤其是竹节不能过短、过多。因为在制作竹器时，竹节部分需要仔细刨平，如果处理不好，做成竹器后竹节的位置就容易断裂，而且竹节多的话，需要刨平、修整的地方也多，会额外耗费制作时间。木材的砍伐也需要尊重自然规律。树木的生长需要周期，如果过度砍伐很快就会没有木材可伐。以椴树为例，伐木工一般都有自己固定的砍伐区域，在砍伐成熟大树的同时，会

①何晓道：《江南明清民间椅子》，浙江摄影出版社2005年版，第39页。

兼顾第二代树木的成长条件。大树被砍伐后，会从根部生长出许多树芽，伐木工会在生出的树芽中挑选一棵最直的，然后进行间伐，保护树木持续不断地生长。只有这样一边伐木，一边精心修剪树苗，才能保证树林里永远有木材可用。这是传统手工业时代对大自然的敬畏和尊重。木材的使用，也会根据其在大自然中生长的方向来决定。由于木材自身的生长特性，向阳面和背阴面的木质略有差别，在使用时要加以区分。在建造大型建筑时，木头所使用的方位要跟它生长的方位相同。一棵木材被分成四瓣运下山，四瓣中位于南方的木料，在建造房屋时还要用在南方。这样是为了保证木材的稳定性，减少开裂的概率。总之，传统坐具在选料、用料的过程中，强调对自然的顺应和尊重，这样才能够制作出更坚固耐用，也更美观的坐具。

## 第二节　传统民间坐具选材的地域性特点

《考工记》中对于造物的天时、地气给予了特别的关注，“以今天的观念来看，地气这个语词实际上是对影响手工制造活动的地域性因素的含糊指称，主要包括天然资源和地方性的制作传统等。其中前者属于自然环境中的因素，而后者则属于人文环境的因素”①。人文环境的因素较为复杂，经济的、文化的、技术的因素都包含其中，在此暂不展开讨论，后文会专门讨论。在此，主要探讨地域性的自然环境如何影响传统民间坐具的选材。

### 一 方水土

传统民间坐具选材的地域性特点首先表现在材料分布上。中国幅

①徐飚：《成器之道——先秦工艺造物思想研究》，南京师范大学出版社1999年版，第132页。

员辽阔，物产丰富，不同地域有不同的气候，也有不同的物产。手工业时代，有很多关于某地盛产某物的文献记载。如与坐具相关的席，据《唐书·地理志》记载，滑州灵昌郡出产蔍席，广州南海出产竹席，陕西凤翔府出产龙须席。这些地区产的席子制作精良，因而被朝廷选为规定的贡品。坐具的选材，用量最大的是木材，其次是竹材，像水草、藤条、柳条之类用量不是特别大。

林木资源在全国分布相对较广，东北、西南等地是比较丰富的地区，各地气候不同，所产的木材品类差异也较大。比如在明代四川省就以出产优质楠木闻名。四川地区林木资源丰富，明代就有“柏之森者”“乔木如山者”的美誉。四川所产之木，主要有楠木（图2-4）、杉木、樟木（图2-5）、影木、灵寿木、松木、柏木等。四川木材产地主要分布在成都、巴县、罗江、威远、平武、南溪、江油、彭山、庆符、资阳、重庆、珙雅、保宁、南江、仁寿、马湖、盐井、乌蒙、播州、柠番、建昌等地。其中以建昌之杉木，马湖、永善之楠木最为有名。四川所产的楠木，多生长在深山僻谷，高数十丈，树端高大直立，上下不生斜枝，直到树冠顶端方散开，因为上下基本相齐，很适合作为大型建筑的梁架使用。永乐年间兴建北京宫殿时，明成祖即下令从四川取木，

图2-4 清代楠木两椅一几①

图2-5 清代樟木雕插角屏背椅②

①濮安国：《明清家具鉴赏》，西泠印社出版社2004年版，第61页。

②濮安国：《明清家具鉴赏》，西泠印社出版社2004年版，第21页。

主要就是取宫殿梁架、柱子需用的楠木。可见，四川楠木在历史上是十分出名的。北方木材品类也较多，常见的有榆木（图2-6）、柏木（图2-7）、槐木、桑木、柞木（图2-8）、梓木、椴木、栎木、紫榆、曲柳、松木、杉木、杨木、柳木、楸木等。在长期的劳作经验积累下，民间木匠对当地出产的木料性能，诸如纹理、强度、韧性、色泽等都已十分了解，在制作家具时也会根据木料性能进行搭配（图2-9）。坐具因为要承重，所以大多使用强度大、具有一定韧性的木材，常用的有楸木、榆木、柞木、槐木、桑木、枣木等。具体而言，做马扎多用枣木、柞木、桑木，做椅凳用榆木多。北方特有的一种圈椅（也称乞丐椅），椅圈和椅腿分别用一根木头一次弯曲成形，对选材韧性要求特别高（图2-10）。山东以河柳为主，河南以紫榆为主。坐具制作时会首选当地出产的木材，从而使坐具选材具有鲜明的地域特色。

图2-6　榆木仿竹节圆凳[①]　　图2-7　柏木雕刻折叠小凳[②]

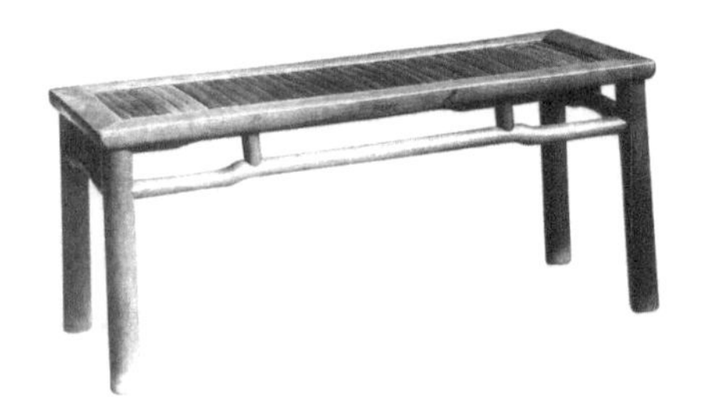

图2-8　柞木罗锅枨加矮老二人凳[③]

①中央美术学院编：《坐位：中国古坐具艺术》，故宫出版社2014年版，第295页。

②王连海，白小华：《民间家具》，湖北美术出版社2002年版，第32页。

③王连海，白小华：《民间家具》，湖北美术出版社2002年版，第28页。

图2-9　清代红木镶大理石屏背扶手椅①

图2-10　山东地区圈椅②

不同于木材，竹材的主要产区在南方，这是由竹材生长所需的自然环境决定的。竹类植物属禾本科的竹亚科，全世界已有记载的共50多属，1200多种，大部分产自热带区域，少数属和种延至亚热带及温带各地，但主要分布地区则为东南亚季候风带。我国有竹类植物30个属300余种，自然分布地区很广，南自海南岛，北至黄河流域，东起台湾，西迄西藏的错那和雅鲁藏布江下游。其中以长江以南地区的竹种最多，生长最旺，面积最大。由于气候、土壤、地形的变化，竹种生物学特性的差异，我国竹子分布具有明显的地带性和区域性，可划分为三大竹区：长江竹区、南岭竹区、华南竹区。产竹地区多充分利用自身地理自然环境的优势，因此，日常用的竹椅、竹凳在生活中处处可见（图2-11）。

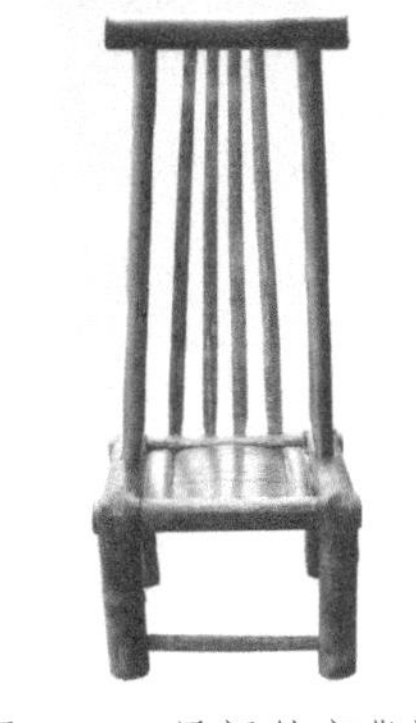
图2-11　民间竹高背椅③



①濮安国：《明清家具鉴赏》，西泠印社出版社2004年版，第40页。

②高密扑灰年画《戏曲人物周瑜》，摄于高密文化馆。

③陈绶祥主编：《中国民间美术全集4·起居编·陈设卷》，山东教育出版社、山东友谊出版社1993年版，第100页。

## 南北差异

传统民间坐具的选材大多是就地取材，往往选材多为当地盛产、较易获得的。从对传统民间坐具调研的实际情况来看，坐具用材的分布有明显的区域特征，北方用木材较多，南方用竹材较多，特殊的自然地理环境形成了“北木南竹”的状况。

就木材而言，传统坐具木料用材可分为硬木和柴木两种，硬木主要有紫檀木、铁力木、花梨木、鸡翅木（图2-12）、红木、乌木等。柴木一般指中硬性木材，包括榆木、榉木、樟木、柞木、核桃木等①。紫檀木（图2-13）是硬木中较好的木材，根据产地的不同又略有区别，正紫檀是一种常绿乔木，原产印度、锡兰，我国广东、海南岛等地也有出产。印度紫檀，亦称蔷薇木、青笼木，为落叶乔木，分布于印度、菲律宾、马来西亚及缅甸等地。花梨木（图2-14），又称吉纳檀，为落叶大乔木，树皮厚，带灰黄色，分布于印度、南美洲等地。菲律宾紫檀，系落叶乔木，树皮为灰褐色，有板根状态，产于菲律宾等地。紫檀因其天然的纹理和独特的色泽成为硬木家具的上乘选材，来源主要靠进口，普通人家并不用此类木材，而榆木、核桃木、樟木等中硬性木材因其较易获得成为传统民间坐具的主要用材。榆木、核桃木多产于我国北方，其中核桃木家具几乎是山西独有的家具，尽管其他地区也有发现，但是都没有山西地区那样集中。山西地区盛产核桃树，核桃树到晚年以后结果率降低，自然被用来制作家具（图2-15）。核桃木

①关于木材的分类有诸多说法，张福昌主编《中国民俗家具》（浙江摄影出版社2005年版）认为木材可分两种硬木和非硬木。紫檀、花梨、铁力木、红木、乌木等属硬木；楠木、榉木、樟木、黄杨木等为非硬木。路玉章在《木工雕刻技术与传统雕刻图谱》（中国建筑工业出版社2000年版）一书中将木材分为三类：1.硬性材，木材材质硬，且紧密，受力强度高，如槐木、椿木、水曲柳、榆木、枣木等。2.软性材，材质松软，木纹匀净稀松，而且木质不紧密，受力强度低，如红松、椴、杨等。3.中性材，材质介于中软之间为中硬材质，木纹均匀略紧密，木质好而受力强度适中，如核桃楸、樟木、柳木、黄菠萝、落叶松等。此处选取胡文彦《中国历代家具》（黑龙江人民出版社1988年版）中的分类方法。

纹理细腻，不像榆木纹理那么清晰通畅，它的纹理含蓄，若隐若现，与微黄的颜色相匹配。核桃木坚硬而致密，分量适中，性韧，不宜开裂，耐刀凿雕刻，与楠木有近似之处。当然，核桃木也有缺点，即木材内心与外皮有色差，内心呈深棕，外皮呈浅黄，有时色差度极大，做成的家具并非所有人都能接受。当然其中也不乏制作精良者，有些核桃木家具甚至可与黄花梨木家具相媲美。

图2-12　鸡翅木玫瑰椅[①]

图2-13　紫檀木嵌竹丝梅花式凳[②]

图2-14　黄花梨木方背椅[③]

图2-15　核桃木官帽椅[④]



①观复博物馆藏，引自观复博物馆官方网站。

②故宫博物院藏，引自故宫博物院官方网站。

③故宫博物院藏，引自故宫博物院官方网站。

④收藏家杂志社编：《家具收藏鉴赏图鉴》，中国轻工业出版社2010年版，第185页。

木材作为坐具用材有其独特优势，它经过加工后稳定性较强，且木工技艺成熟，可以满足相对复杂的结构需求。另一方面，木材成材需要较长时间，难以满足巨大的民间家具用材需求，因此，易于加工、成材时间短、便于获得的竹材是木材之外的首选（图2–16、图2–17）。

图2–16　竹躺椅①

图2–17　苏南民用家具②

我国使用竹材料制作家具较有特色的地区主要有荆楚地区、安徽地区、闽浙粤地区。以湖北、湖南为中心的荆楚地区，使用竹器家具的历史由来已久，早在战国时期竹制家具就已非常发达。荆楚竹器家具讲究用料，所选竹材皆为两年以上老竹，在通风、阴干三至四年后才使用，所制作的家具造型素雅、结构精细，装饰图案或用小竹片、枝丫拼合，或用滑润如丝的竹篾编织、攒结，不同图案配以相应的家具形制，既突出图案的丰富变化又与家具形体相协调（图2–18）。安徽的竹制家具在制作风格上明显受漆木家具的影响，其造型舒展大方，结构严密精细，常在背板、座面等部位施以地方风格的编织图案或雕饰，有的则嵌以木板、穿以彩色皮条或包饰金属边角等，工艺特点颇为精巧。浙江、福建和广东等地竹器加工也颇具特色（图2–19），其中比较知名的竹器加工地有浙江东阳、嵊县、鄞县、绍兴、温州、黄岩，福建漳州、泉州、龙岩、莆田，广东广州、信宜、南昆、汕头和潮州等。台湾地区的竹林资源也十分丰富，当地人普遍喜爱竹制家具（图

①张福昌主编：《中国民俗家具》，浙江摄影出版社2005年版，第133页。

②选自李宗山：《中国家具史图说》，湖北美术出版社2001年版，第470页。

2-20）。人们从小时起就睡竹摇篮（图2-21），清凉爽洁的竹床伴着婴儿度过人生最初的暑天。再长大一些，可坐竹椅。竹椅四周有栏杆围着，孩子不会跌落。大一些的孩子可以坐两层的竹凳，上面一层铺有竹篾，轻巧便利而且耐用。台湾地区还有一种竹制“太师椅”，其形制几乎与木制太师椅完全相同，座高约两尺，人坐其上，脚刚好可踏至下端的横枨，安稳舒适、从容自然中又透着高雅。竹制坐具，因竹子产地不同，地域文化风格不同，表现出不同特点，丰富了传统竹制家具的样式与风格。

图2-18　湖北现代竹椅、茶几[①]

图2-19　福建民间藤编镶边座椅[②]

图2-20　台湾竹椅[③]

图2-21　江西竹木摇篮[④]

①徐雯：《中国传统艺术·古典家具》，中国轻工业出版社2000年版，第112页。

②陈绶祥主编：《中国民间美术全集4·起居编·陈设卷》，山东教育出版社、山东友谊出版社1993年版，第94页。

③席德进：《台湾民间艺术》，雄狮图书股份有限公司1998年版，第166页。

④李豫闽：《中国设计全集·第17卷·用具类编·民艺篇》，商务印书馆2012年版，第94页。

藤材是坐具选材中除木材、竹材外使用量较大的一种密实坚固又轻巧坚韧的天然材料。藤的原材料主要有广藤、土藤和野生藤等。在天然的材质中，藤的种类繁多，大多产于热带、亚热带的原始森林。在中国、印度尼西亚、马来西亚、越南、缅甸都有生产，我国以云南出产的藤质量较好。在有些椅、杌、凳、床、榻中可以看到用藤编制的靠背或屉面（图2-22）。用作座面的藤屉可以编成各式几何纹样，编好后以木条或者竹花加固，夏季使用透气凉爽，冬季使用时可在上面放置坐垫。现今，我国云南地区各式藤面坐凳仍随处可见（图2-23）。

图2-22　紫檀藤心矮圈椅[①]

图2-23　云南小坐凳

## 竹木皆宜

南北方在坐具选材上各有倾向，北方不适宜竹子的生长，因而以各类木材为主，南方森林资源不够丰富，因而以竹材为主。这一特点在南北方民间日常使用的儿童坐具上有鲜明体现（图2-24）。儿童坐具主要是指为婴幼儿专门使用的椅凳，在民间使用比较普遍，北方地区俗称“婆婆车”或“懒婆

图2-24　榆木童车[②]

①故宫博物院藏，引自故宫博物院官方网站。

②收藏家杂志社编：《家具收藏鉴赏图鉴》，中国轻工业出版社2010年版，第186页。

婆”。图2-25是山东地区的儿童座椅，为农村中常用的一种样式，整个座椅以楸木做成，各部分比例尺度适宜。楸木材料虽不精贵却结实耐用。儿童座椅因为仅用三两年，也不是家家必备，常常是流转使用。有时，一件儿童座椅会有三个以上的孩子用，用五六年以上不成问题。图2-26也是专门给孩子用的一种坐具，在南方也被称为坐轿或推车。坐轿整个框架结构由竹做成，框架空隙处用编织的藤面处理，推车把手处也被细心地用藤条缠绕，藤面做过光滑处理，确保不会刮伤孩子。这种坐具最宜夏天使用，竹、藤较之其他材料更具透气性，可以在炎炎夏日为孩子带来一丝凉意。此外，这种坐轿，孩子在使用过程中难免会弄脏，竹藤材质易于清理。它主要流行于浙江、福建地区，在选材上充分体现出地域性的特点。

图2-25　质朴而实用的北方儿童座椅　　　　图2-26　藤编儿童坐轿[①]



自然资源分布的区域性影响了坐具的选材，而富有地方特点的加工工艺又强化了坐具选材的地域性特点。各地利用自身的自然资源优势，结合地方工艺，产生了各具特色的地方坐具。山东地区有一种陶

①张福昌主编：《中国民俗家具》，浙江摄影出版社2005年版，第335页。

瓷烧制的儿童坐具，如图2-27所示，为山东博山地区烧制，其形制样式较为特别，在其他地区尚未见到，这一坐具的出现充分体现了坐具选材的地域性特点。博山是北方著名的陶瓷产区，有烧制陶瓷、琉璃的历史。东西南北不同的地域有着不同的自然地理条件，出产的自然材料也不同，这是造化所为，非人力所能控制。若以当地的自然材料结合不同的工艺就会产生富有地方特色的坐具，时间久了就会形成鲜明的地域风格。

图2-27　陶制儿童坐具①

## 第三节　传统民间坐具选材的合宜性特点

宋人评话《碾玉观音》中描述过一个制作玉器的过程。在郡王府上，一群碾玉待诏面对着“一块透明的羊脂美玉”，有的说可以做一副“劝杯”，只是太可惜了；有的说“上尖下圆，好做一个摩候罗儿”，却又觉得摩候罗儿只是七月七日乞巧使用，寻常没有用处；最后一个叫崔宁的后生，根据璞的形状，建议碾一个“南海观音”。这虽然是一个故事，却说明古人在用材时是十分慎重的，在动手制作之前要先对材料进行分析，根据材料的实际情况，来决定对材料的处理方式，这即是我们常说的“量材为用”“因材施艺”。传统坐具在选材时，地域性是其自然环境因素所决定的，而合宜性则体现了传统工匠在器物制作过程中选料挑材的基本原则。合宜性可以从两个方面进行理解，一是

①山东东方中国民艺博物馆藏。

对自然材料本身的关注，尊重材料的自然属性，对材料做出最适宜的安排；二是根据材料的现实情况，发挥匠人的聪明智慧，将人工与天工结合起来，达到一种舒适宜人的状态。

对于材料合宜性的选择主要是考虑对材料本身的性能在多大程度上满足使用和制造要求。《考工记》中对于“材美”的要求，实质上并非指美与不美的问题，而是对材料是否合乎使用性、目的性，与我们此处所指的“合宜性”实质是一个问题（图2–28）。

图2–28　闽南竹椅轿[1]

## 材尽其用

材尽其用，主要强调对材料的研究和判断，根据材料特性做出适宜安排。比如，在木材的选择上，并不需要一味追求硬质木材，不同材质的木料有不同的自然属性，也适宜制作不同的器物。所谓“天生我材必有用”，每一种材质都是好的材质，只是需要制作器物的工匠发现材料的特性。泡桐木属于木质较软的木材，生长周期快，成材时间短，价格低廉，在家具制作中并非好的选择，但是却是制作古琴音板的最佳材料，这是因为泡桐性软，放置时间久了树脂挥发后，质地变得更轻、细胞间空隙增大，能够有比较好的共鸣效果。再比如《鲁班经》中有关于药箱的记载，称“此是杉木板片合进，切忌杂木”[2]。因为杉木纹理通直，结构均匀，早晚材区别不大，不易干裂卷翘，而且含有“杉脑”，自带香味，能够抗腐蚀、避蚊虫，所以是制作药箱的上好材料。可见，匠人对于材料自然属性的研究和判断是做出一件好家

①李豫闽：《中国设计全集·第17卷·用具类编·民艺篇》，商务印书馆2012年版，第88页。

②午荣编，李峰整理：《新镌京版工师雕斫正式鲁班经匠家镜》，海南出版社2003年版，第193页。

具的必然要求。

在实践中，有经验的木匠拿到一块好的木料时，不会立即动手制作，往往要仔细端详，看它的色泽、纹理，再根据长宽比例来决定是做一把官帽椅还是做一个束腰方凳。制作时既要保证材料得到最大的利用，又要保证制作器物的实用性。俗话说“三分下料七分做”，下料的过程也是体现木匠水平高低的过程，要根据木料的实际情况作出取舍，取舍之间靠的是经验的积累，有经验的师傅往往能够做到真正的量材为用。一块木料采伐后的横截面是不规则的圆形，此时可以清晰地看到树皮、形成层、年轮、髓心、髓线的排列状况。靠近髓心部分的木材通常称为心材，靠近树皮部分的木材称为边材，心材与边材之间的部分为中材，是整块木料材质最好的部分。木匠要根据木材的具体情况，来决定哪一部分做座面，哪一部分做边框。下料时还要考虑到软硬木的搭配，根据材质软硬，相似相近的木纹、颜色相拼对进行搭配，拼板对缝时要看面板木纹，应边材对边材，心材对心材，这样做出来的坐具才色调统一，更能彰显木材本身的纹理美感（图2-29）。

图2-29　江西南官帽椅[①]

①张福昌主编：《中国民俗家具》，浙江摄影出版社2005年版，第104页。

现代家具设计在选材上依然遵循着类似的规则，《家具概论及家具材料》中曾提到：家具选材之目的有三，其一为节省材料，其二为增加工作物之耐久性，其三为使工作物美观。具体来说应注意：“材料之强度与纹理是否适合于工作物的各部效用；木材有边材及心材之分，宜视工作物各部分或接合之需求予以选取，坚硬之木材可作耐久性的工作物；纹理精致之木材宜当工作物表面材料之用，较粗之材料则可供底板用。木材长、宽、厚度是否符于工作物各部分尺寸；木材长、宽、厚各有一定尺寸，须视工作物之尺寸而选择适当之材料截取之，否则，不但浪费材料而且浪费人力及时间。”[①]可见，在现代家具设计中对材料的取舍依然遵循着传统手工业时代的原则。

## 因材施艺

因材施艺，强调匠人对于材料的主动把握，根据材料的具体情况，匠人做出适宜的方案。面对同一块材料，不同匠人会做出高下差别很大的物品。这其中考验的就是匠人的经验、技术和审美力。“审曲面势，以饬五材，以辨民器，谓之百工”[②]，这句话是对百工的定性描述，“它对百工之事，或一般所谓手工制造活动的界定，不但讲到了其基本目的在‘辨（办）民器’，而且还讲到了其基本工作内容在于‘饬（整治）五材’。后一点点明了我国古代制造技术的一个基本特性，即：它是以材料技术为主体的”[③]。材料应用是否巧妙，还在于木匠师傅的水平高低。

由于时代的不同，人们对材料合宜性的把握也是不同的。现代家具设计中对材料的取舍完全是以“工作物”，即以造物对象为标准，木材的长、宽、厚要以工作物为标准选择，木材边材心材的使用要视工

①徐特雄，余玉兴：《家具概论及家具材料》，台北正文书局1982年版，第6页。

②闻人军：《考工记译注》，上海古籍出版社2008年版，第1页。

③徐飚：《成器之道——先秦工艺造物思想研究》，南京师范大学出版社1999年版，第124页。

作物的需求而决定，材料的取舍完全服从于工作物的要求。《碾玉观音》中，碾玉待诏在面对一块玉料时，更多的是对于其特殊性的关注，这一块玉料大小几何、成色怎样？有无瑕疵、瑕疵的大小及位置如何？瑕疵是必须去掉还是可以保留利用？这一系列问题都要在匠人面对材料时在心中一一斟酌，对材料个性的关注显然超过了对自己已有设想、观念的坚持。在对材料合宜性考虑的过程中，制作者对自己已有经验和技术的运用不是随性的，而是受到具体材料限制的，需要敏锐地观察材料的特殊性，并顺应这种特性来调整和改变自己的制作方向。这种在一定材料限制下的造物活动，不同于当下社会中极尽人的能动性使材料最大可能地满足造物需要。一种更尊重材料本身的特性，一种更强调最终的结果。这种差异与人们对待自然的态度有关。古人面对自然界的物质材料时，更多的是依照自然物来调整自己的想法，而不是固守己见、置外物于不顾，这样更容易取得同外物的协调一致，更易达到相宜于自然的境界。此时，传统造物中对材料技术的依赖性得以体现，对具体材料特殊性的关注也使得造物活动存在着随机应变的灵活性，这种灵活性反过来让人们对于材料性能的理解加深，进而有可能形成新的制作规范并带来技术的更新（图2-30）。

图2-30　太师椅[1]



①张福昌主编：《中国民俗家具》，浙江摄影出版社2005年版，第99页。

因材施艺，强调对自然材料的尊重，也强调工匠主体的能动作用。木匠对材料的因材施艺需要在劳作中慢慢积累起来。在长期的实践活动中，木匠们总结了一系列有关制作技巧及材料搭配的经验，此类经验多以口诀形式流传于行业内。比如关于各种木材之间的搭配规则就有这样的口诀："楠配紫（紫檀），铁配黄（黄花梨），乌木配黄杨；高丽镶楸木，川柏配花樟（樟木瘿子）；苏作红木楠木瘿，广作红木石心膛；榉木桌子杉木底，榆木柜子杨木帮。"这些口诀都是经验的积累，本身并不解释材料之间搭配的理性原因，只是传达一种带有感性色彩的经验信息。这类带有感性色彩的实践经验总结，是传统经验理性的一个表现，它与现代社会的科学理性完全不同。这个认知过程既充满着情感和伦理色彩，又在科学理性意识中反复陶冶。木匠对材料的认识显示了经验理性的巨大作用，可以说，经验理性在某种意义上已经不是一种惯常的行为方式的反映，而是一种稳定的科学意识。经验科学的一个突出特点是，繁复的经验获得过程或经验被验证的理性瞬间是不被重视不被记录的。因此，在我们今天所继承下来的关于材料的经验性认识中，只包含着基本的直观感受和大体的数据关系，而没有分析过程。"民间工匠对材料的认识似乎既不完全遵从某种科学理性，也不能完全寄生于人文观念之内。他们总喜欢将某种理性认识所得到的数据或性质与某种观念相联结，在得到某种信念的支持后，材料中理性经验的光芒才格外耀眼。"[①]贯穿在整个造物过程中的这种既充满着感性色彩又暗含着科学理性意识的认知方式，显示了古人对材料认识的独特性。这种独特性，不应当被忘却，在技术、理性占统治地位的当下更能彰显它的价值。

总而言之，选料挑材是造物活动中的重要一环，日本民艺学者、工艺美术理论家柳宗悦在《工艺文化》一书中也提到对材料的认识在造物活动中的重要性："如何最佳地使用材料来制造器物是不允许任意

①潘鲁生：《中国民间美术工艺学》，江苏美术出版社1992年版，第122页。

来进行的。这就要求工人们对材料持忠诚的态度。……如果不重视材料，器物的质量就要下降，从而降低了美的程度。器物之美的一半是材料之美。只有适宜的材料才具备优良的功能。如果没有良好的材料就不能产生健全的工艺。"[①]可见，在造物活动中对材料性能的认知与对材料合宜性的处理有着重要作用。就中国传统民间坐具的选材来说，对合宜性的权衡过程，体现了古人对自然材料的尊重、人与自然和谐相处的造物理念，及在材料认知过程中经验理性的独特认知方式。

①柳宗悦著，徐艺乙译：《工艺文化》，中国轻工业出版社1991年版，第82—83页。

# 第三章　规矩方圆:传统民间坐具的尺度

坐具尺度是传统民间坐具进行设计时，需要仔细考虑的问题。一件坐具是否舒适、合宜，尺度问题是其根本。俗语讲“无规矩难以成方圆”，意指凡事要有“标准”“规则”，“规”与“矩”原意是指画圆、画方的工具，后来才延伸为“标准”“尺度”“规则”之意。木匠工作是个精细活，必须按照一定尺寸才能做出合适的家具。可以说，没有哪个行业比木匠更重视尺度问题。木匠之间的手艺比拼，重要的一个标准就是对家具尺度的把握。比拼时两人同时各做两个小板凳，板凳四条腿，斜向八个方向，用木匠的行话说是“四腿八炸”。若做好之后，两个板凳一正一反放好，八条腿能够两两对齐，严丝合缝，就说明其手艺高超。在谈及尺度问题时，张道一先生指出中国古代的尺度有两种含义：一是计量度量的定则，即所谓“尺度有则，绳墨无挠”；二为标准，如“不唯济物工夫大，长忆容才尺度宽”。两种含义均有衡量事物性质、特征和度量标准的内容。本章就是对坐具设计、制作、使用过程中与尺度相关的问题进行探讨。这其中既有制作的尺度也有使用的尺度，具体可以从人体尺度、心理尺度、伦理尺度三个方面展开。

# 第一节　传统民间坐具的人体尺度

所谓人体尺度，是指在一定观念指导下，通过对人体测量和数理统计，获得的关于人体各部分比例的基本参数。通过对人体的大量测量后，运用数理统计分析处理的方法，得出相关尺寸的平均值，可作为设计师进行家具设计时的参照数据。人体尺度是与流行于西方的新兴学科“人体工程学”相关的概念。“人体工程学”（Ergonomics）是1947年7月在英国召开的一次国际会议上被确定的一个新术语和新学科专名，它的词源为希腊文，由希腊文“ergon”（意思是“工作”或“劳动”）和“nomos”（意为“规律”或“规则”）组合而成，字面意思是关于工作或劳动规律的科学。后来在各国有不同的译名，又称“人机关系学”“人因工程学”“人体工效学”等。具体来讲“人体工效学包括人、机（包括环境）两方面的因素。人与机两者的结合不是简单地相加，而是从整体的高度，将人、机看作一个相互作用，相互依存的巨系统。它需要我们在了解人体各部分解剖、生理机能和心理状态等特征的基础上，用现代化的测试方法，着重研究人机系统的整体性。目的是解决系统设计与人体各部形态机能特征相适应的问题”[①]。具体到传统民间坐具而言，人体尺度主要是指通过对人体生理尺寸与坐具结构尺度关系的探讨解决坐具使用中舒适性的问题。

## 人体的尺度

在研究人体坐姿问题时，人体工程学借助了生理学及生物力学的知识。人体工程学的研究结果显示，人体处于坐姿状态时，支撑身体

①孙柏枫，董琼：《发现你的潜能：人体功效学》，吉林教育出版社1990年版，第1页。

的是脊柱、骨盆及腿和脚。脊柱是人体的主要支柱，由33节椎骨组成，如图3-1(a)所示，其中颈椎7节，胸椎12节，腰椎5节，骶骨5节，尾骨4节。椎骨之间由软骨和肌腱相连，颈椎支撑头部，胸椎与肋骨构成胸腔，腰椎、骶骨和椎间盘承担人体坐姿时的主要负荷，同时也保证人体实现屈伸、扭转动作。在正常坐姿下，脊椎应像图3-1(b)所显示，颈椎部分前凸，胸椎部分后凹，而腰椎前凸，骶骨又后凹。一旦人体改变这种自然弯曲状态，就会引起椎间盘压力改变，致使腰部疼痛。人体在不同姿势下，脊柱弯曲程度是不同的，图3-2是人体在不同姿势下脊柱的形状变化。曲线A表示人全体松弛侧卧时，脊椎呈自然弯曲状态；曲线B是最接近人体脊柱的自然状态；曲线J是身体呈90度时的情形，此时脊柱变形较大。人体工程学还结合生物学，对坐姿进行了生物力学分析。在坐姿状态下，人体骨盆下坐骨结节承受人身体及大腿的重量。由于大腿下面至膝盖后面有主动脉，受力后容易产生麻木感，所以座椅面上以坐骨结节处为

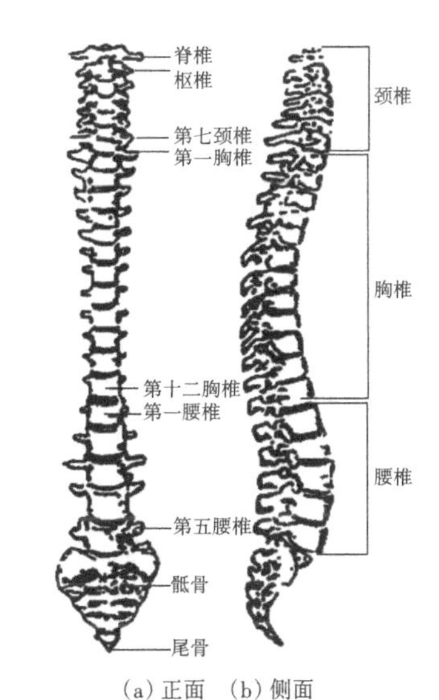

图3-1　人体脊柱结构示意图①

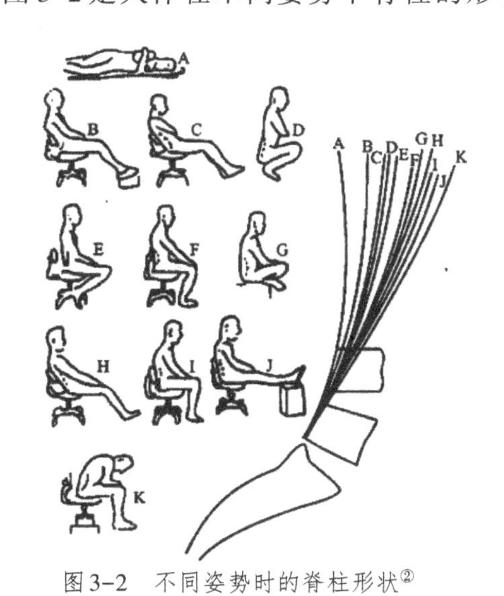

图3-2　不同姿势时的脊柱形状②

①张宏林：《人因工程学》，高等教育出版社2005年版，第263页。
②张宏林：《人因工程学》，高等教育出版社2005年版，第264页。

最大受力点，由此向外压力逐渐减少，直至座椅面前缘与大腿接触处压力最小，如图3-3所示。如果采用柔软座面，增大臀部与坐面接触面积，就可以改善坐骨结节受力集中的状况。但是如果坐垫过于松软或采用过于下陷的凹形座面，反而会使股骨受翻转力，更容易引起疲劳。根据这一系列科学分析，人体工程学最终得出一组关于人体坐姿的确

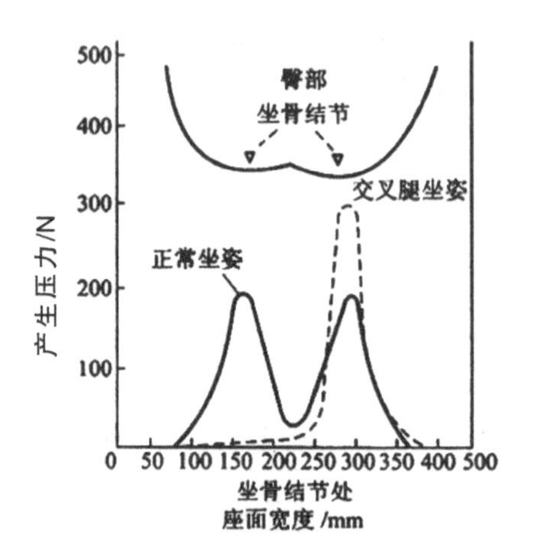


图3-3　坐姿下的座面力分析①

切数据，如图3-4所显示，各个关节各个角度的数据都十分精确。这组数据是西方科学理性思维方式下的结果，对坐具的制作具有重要的参照意义。

手工业时代未见有关于人体工程学的研究，民间木匠也不知晓人体工程学概念，但是，民间木匠同样是关注人体尺度的。只有关注坐具的使用者，才能做出舒适好用的坐具。关于木工制作坐具的相关尺度及规矩往往以口诀的形式流传于行业内，很少见诸文字，这为研究工作带来一定困难。目前来看，与家具制作有关的古籍主要有《梓人遗制》《燕几图》《蝶几图》《三才图会》《碎金》等，但

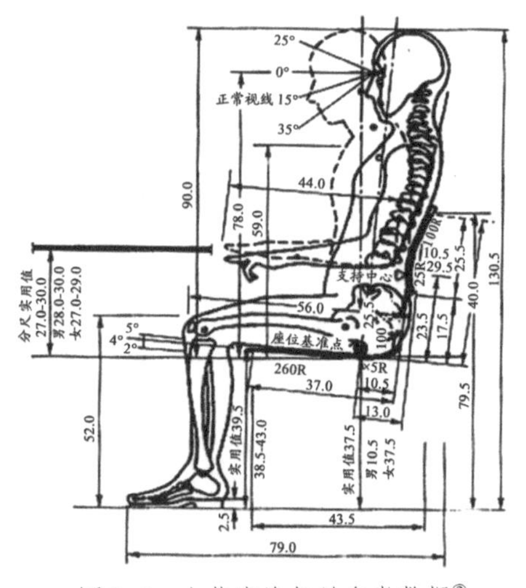


图3-4　人体坐姿相关参考数据②

①张宏林主编：《人因工程学》，高等教育出版社2005年版，第264页。
②张宏林主编：《人因工程学》，高等教育出版社2005年版，第267页。

是其内容或专收木质机械，或只讲某种特殊设计的家具，或只是类书、辞书的插图。较为全面地记载家具制作是《鲁班经匠家镜》一书，它相当于木匠的操作指南，详细记录了不同家具的制作尺寸，此处，列出几条关于坐具尺寸的记录：

牙轿式——“宦家明轿徛下一尺五寸高，屏一尺二寸高，深一尺四寸，阔一尺八寸，上圆手一寸三分大，斜七分才圆，轿杠方圆一寸五分大，下踃带轿二尺三寸五分深。”①

禅椅式——“一尺六寸三分高，一尺八寸二分深，一尺九寸五分深。上屏二尺高，两力手二尺二寸长，柱子方圆一寸三分大，屏上七寸、下七寸五分，出笋三寸，斗头下盛脚盘子四寸三分高，一尺六寸长，一尺三寸大，长短大小仿此。”②

校椅式——“做椅先看好光梗木头及节次用，解开要干，枋才下手做。其柱子一寸大，前脚二尺一寸高，后脚二尺九寸三分高，盘子深一尺二寸六分，阔一尺六寸七分，厚一寸一分。屏上五寸大，下六寸，前花牙一寸五分大，四分厚，大小长短，依此格。”③

书中所提到的各式坐具，大部分样式名称能够与坐具发展史上的名字相对应起来，记录的尺寸都是十分具体翔实的。因为这是一本家具制作的操作指南，依照书中尺寸就可以做出相应坐具。在传统手工业时代，人体工程学概念还没有产生，工匠们对人体尺度与坐具尺度之间的关系却有关注，经过世代经验的累积，形成文字或口诀流传下来。发展至明代，家具无论在样式风格上还是尺度比例上都已十分成熟，许多明式家具的尺寸与现代人体工程学测量的结果是比较接近的。

①午荣编，李峰整理：《新镌京版工师雕斫正式鲁班经匠家镜》，海南出版社2003年版，第161页。

②午荣编，李峰整理：《新镌京版工师雕斫正式鲁班经匠家镜》，海南出版社2003年版，第169页。

③午荣编，李峰整理：《新镌京版工师雕斫正式鲁班经匠家镜》，海南出版社2003年版，第180页。

有学者实际测量了部分明式椅凳，并针对明式椅凳的尺寸问题与现代椅凳尺寸作了对比研究，其结果如下表所示[①]：

| 项目 \ 尺寸 种类 | 单位 | 明椅 | 现代国家标准 | 明凳 | 鲁班经 |
|---|---|---|---|---|---|
| 座宽 | 厘米 | 50—65 | 38—45 | | |
| 座深 | 厘米 | 40—46 | 35—42 | | |
| 座高 | 厘米 | 44.5—52 | 44 | 46—52.5 | 51—54 |
| 背宽 | 厘米 | | 33—48 | | |
| 总高 | 厘米 | 85—120 | 80—90 | | |
| 背倾角 | 角度 | 101度 | 97—100度 | | |
| 座倾角 | 角度 | 0 | 2—3度 | | |
| 备注 | | 综合数 | | 各种凳只讲高度 | |

从表格中可以看出，明式家具的座椅高度一般都在45～50厘米之间，与人的小腿高度基本是相等的。有些坐具因受整体比例关系影响，座面高度要高于小腿高度，而这种情况下通常都有脚踏搭配使用。人坐在上面双脚踏在脚踏上，由脚踏面至座面的高度仍在40～50厘米之间。椅子靠背的高度也与人的脊背的高度基本相等，而且很多传统座椅的靠背是“S”形的，与人体脊背的自然弯曲相吻合。有人根据西方人体工程学数据来测量明式家具的座椅，发现有些座椅的靠背设计十分合理，不仅靠背的弯曲走向与人体脊柱的弯曲相符合，而且靠背与坐面还保持100度至105度背倾角，人坐在上面十分舒适。采用藤屉做座面的坐具，非常受人们的欢迎，这是由于藤屉的弹性，在承受压力时藤屉会自然下垂，形成3至5度的坐倾角，这个角度是人们在生活实践中体会到的较为舒适的休息姿势。这些资料表明，即使以西方人体工程学的科学数据来看传统坐具，依然可以看出传统坐具尺寸的科学性和合理性。

①李德喜，陈善珏：《中国古典家具》，华中理工大学出版社1998年版，第405页。

## 身体的选择

坐具尺寸，与坐具的样式有关，与使用坐具时的姿势也有关系。坐姿的变化，直接影响着坐具尺寸以及坐具的舒适度。

中国人最早的坐姿为跪坐，也就是席地坐。席地坐的本意为铺席于地以为坐，与今天所讲的席地而坐有着不同的意义。《壹是纪始》中“神农作席荐”之说虽无法考证，但席当之无愧是中国最早的坐具之一。通过现存于世的画像石、画像砖以及壁画，我们看到席在古人生活中充当了十分重要的角色。从天子、诸侯的朝觐、飨射、封国、命侯、祭祖、祭天等重大政治活动，到士庶之婚丧、讲学以及日常起居，都与席有着密切关系。不同场合不同人物使用的席是有差别的，这种差别主要体现在席的选材及数量上。可以说，席地而坐阶段，人们对席的尺寸还没有特别要求。因为是以跪坐方式使用，用于日常生活的席一般尺寸不会很大，而用于礼仪场合的席要大一些。

魏晋时期的主流家具是低矮的倚靠类坐具，但是此时已经有高型坐具出现。高型坐具的普及与佛教传播有关，佛教僧侣跏趺坐的修行方式对原有的跪坐方式造成冲击，促进高型坐具的发展普及（图3-5）。关于佛教传入中国的时间，众说纷纭，有“周代传入说”“春秋传入说”“秦代传入说”等，得到较多史学家认可的是“东汉永平十年（公元67年）传入说”[②]。佛教传入中原后得到广泛传播，尤其在东汉初年到南北朝时期，由于当时社会动乱频繁，战争不断，人民生活痛苦，佛教解脱苦难的思想成为人们心灵的寄托，各

图3-5　北周佛像中的佛座[①]

①阮长江：《中国历代家具图录大全》，江苏美术出版社、南天书局有限公司1992年版，第51页。

②胡文彦，于淑岩：《中国家具文化》，河北美术出版社2002年版，第18页。

地寺庙、佛教石窟层出不穷。开凿石窟建造寺庙的佛教活动，促进了佛教美术的发展，寺庙及石窟造像、壁画应运而生。早期的造像和壁画大部分都是来自域外的粉本，人物形象、服饰、用具等多是域外风格，高型坐具伴随着佛教的兴盛进入中原百姓的视野中。

在众多的石窟造像和壁画中，我们看到了千姿百态的佛与菩萨的坐具——佛座。佛座的样式十分丰富，有方形、圆形，有三重、五重，也有七重。这些方形、圆形佛座的出现，对于我国坐具品类的丰富，尤其是凳类、墩类的发展，起到重要作用。图3-6中菩萨的坐姿是较特殊的一种方式，画中菩萨垂足坐于两端粗中间细的筌蹄上，左脚搭于右腿之上，这种坐姿在中原地区是未曾出现过的，属于佛教中的半跏坐。这种坐姿传入中原后，一直被保留下来。现今山东菏泽地区“鞋样本子”的装饰插图中还有这种坐姿方式的图像（图3-7）。

图3-6　龙门石窟莲花洞菩萨坐像[1]

图3-7　菏泽“鞋样本子”插图[2]

①阮长江：《中国历代家具图录大全》，江苏美术出版社、南天书局有限公司1992年版，第49页。

②山东东方中国民艺博物馆藏。

还有一种与半跏趺类似，但是并不完全相同的坐姿方式，出现在胡床的使用上。在敦煌莫高窟中我们可以见到罕见的双人胡床的使用（图3–8）。图中两人共坐一张长胡床，一人垂足并腿坐，是常见的坐姿，另一人左腿搭于右腿上垂足而坐，这种坐姿较少见。这一坐姿跟今天俗语说的“跷二郎腿”姿势相同。胡床的传入对于促进中原坐姿的变化有着重要意义。胡床是西北游牧民族的坐具，多在游览、打猎、战争等野外场合使用，也可家居时作为室外临时坐具。李济曾提到：“跪坐习惯在中国日常生活中的放弃，大概起源于胡床之输入，以及东来佛教僧徒跏趺的影响。但是全部的遗忘，却是交椅流行以后的事。”[②]至宋代，垂足坐在社会上层逐渐普及，中国人完成了从跪坐向垂足坐的转变。

图3–8　敦煌莫高窟257壁画像[①]

进入垂足坐阶段，坐具对尺寸有了要求。坐具的高度要适宜，不能过高，否则脚无法着地；也不能过低，否则身体卷曲，带来身体的不适。为了增加坐具使用时的舒适感，靠背、扶手的尺寸也要讲究起来。图3–9是敦煌莫高窟285窟西魏壁画中菩萨垂足坐的形象，可以看到菩萨垂足坐于有靠背、扶手的坐具上，从尺寸上来看，应当还是属于绳床一类的

图3–9　敦煌莫高窟285壁画像[③]

①阮长江：《中国历代家具图录大全》，江苏美术出版社、南天书局有限公司1992年版，第49页。

②李济：《跪坐蹲居与箕踞——殷墟石刻研究之一》，见《李济文集》卷四，上海人民出版社2006年版，第484页。

③阮长江：《中国历代家具图录大全》，江苏美术出版社、南天书局有限公司1992年版，第50页。

坐具，这一时期还没有成熟的椅子出现。仔细分析图中的坐具，虽然是垂足坐姿使用，但是其座面高度不够，所以下肢无法充分舒展。靠背因为遮挡看不到，从扶手样式来看，很有可能是扶手与靠背相连，类似玫瑰椅的样式。扶手的尺寸也不是很适宜，从菩萨身体的姿态来看，扶手尺寸过高，使用起来不是很舒适。随着高型坐具的发展，至唐宋时期已经较为完善。从《韩熙载夜宴图》中出现的椅子来看，形制与尺寸都更为合理，画面中使用者以较为舒适自在的姿态使用，给人闲适、慵懒的感觉。在坐姿改变的过程中，人们经历了思想上的种种矛盾，在传统礼制与新式坐姿之间徘徊选择，更舒适更符合人体结构的垂足坐成为最后的选择。

### 舒适的细节

高型坐具发展起来之后，对尺寸的要求越发精细，在结构部件的细节处理上也越发用心，如坐面、搭脑、靠背等都有所改进，这一切都大大提高了坐具的舒适度。

坐具的舒服与否与坐面有很大关系，从对坐面的处理中可以看到古人对坐具舒适性问题的考虑。传统民间坐具中有一部分坐面是藤屉，此类藤屉一般以棕或绳编成十字格，上面用藤皮条编成几何状的图案，然后用木条或者竹花加固。因藤屉富有一定弹性，人坐上去后会略有下沉，上身的重量集中于坐骨结节，形成恰到好处的压力，使人久坐而不易感到疲劳。此外，山东地区有一种凹面凳（图 3-10），凳面顺应人体臀部结构设计为微凹形，在坐面细节上的一个

图 3-10　凹面凳[1]

①张福昌主编：《中国民俗家具》，浙江摄影出版社2005年版，第147页。

小小改良，增加了使用的舒适性。官帽椅在细节上的设计也充分考虑到舒适性。官帽椅的搭脑，其高度是与人的颈部平齐的，头部正好可以搭靠在上面，把这个木结构称为“搭脑”可谓名副其实。搭脑的作用很早就为人们所发现，《图书集成》里说：“默坐凝神，须要座椅宽舒，可以盘足后靠……托颏之中，向后则以击脑枕，靠脑使筋骨舒畅，血脉流行。”[①]宋代晚期椅子靠背发生变化，由原来水平方向的两根靠背改为垂直方向的独板，也是考虑到人的脊背垂直走向所作出的改进，这样，人的脊背可以更大面积地接触靠背，从而减轻人的疲劳感。这些都是传统坐具在细节上的改良或改进，正是在这些细节中，我们能够看到传统民间坐具在形制设计上对人体尺度的重视，体会到工匠们在追求坐具舒适度问题上的良苦用心。

## 第二节　传统民间坐具的心理尺度

心理尺度是与心理学相关的一个概念。心理学主要是研究心理规律，研究作为个人、社会集团、一般人类的普遍属性或特殊属性的各种心理规律，研究在人的意识中发生的并构成人的行为的主观内在原因的各种过程。这是心理学广义上的概念，具体到设计中的心理尺度则主要是指在用物过程中物对于人的心理的影响，在人体工程学的分支学科中对这方面作专门研究的学科被称为“精神人体工程学”，它主要研究“色彩、形状、空间、光线、声音、气味、材质等人造物和环境因素如何对人的心理造成影响，探讨这些客观因素如何与使用者、接受者的个性气质、情感、趣味、意志、行为等主观因素相互作用”[②]。精神人体工程学涉及的因素很多，尤其是加入工作物环境的因

①转引自胡文彦：《中国历代家具》，黑龙江人民出版社1988年版，第71—72页。

②章利国：《设计艺术美学》，山东教育出版社2002年版，第52页。

素后分析变得更为复杂化。传统民间坐具设计心理尺度的分析参考现代精神人体工程学的相关概念，从物与人的关系出发，一方面，分析用物过程中人的心理，另一方面，分析人的心理在物上的体现。从传统民间坐具研究的角度而言，主要指两个方面，一是坐具形制对用物者的心理影响，二是用物者心理在坐具装饰上的体现。

## 用物心理的差异

太师椅、方凳、板凳、直背交椅、躺椅，这是一组造型各异的坐具，它们具备相同的功能，却对应着不同的用物心理。

太师椅，一般陈设于厅堂的主要位置，是一种较为正式的座椅，主要供长者和身份尊贵之人使用。一般来说，椅子均根据自身特点命名，有“灯挂椅”“一统碑椅”“圈椅”等，只有太师椅冠以官职名，可见其特殊性。关于太师椅的起源有不同说法。《贵耳集》记载：“今之校椅，古之胡床也，自来只有栲栳样，宰执侍从皆用之。因秦师垣在国忌所，偃仰片时坠巾，京尹吴渊，奉承时相，出意撰制荷叶托首四十柄，载赴国忌所，遣匠者顷刻添上，凡宰执侍从皆有之，遂号太师样。”[①]有学者据此记载推论，太师椅实际是栲栳圈椅的一种，或者说是交椅的一种。而崔咏雪在其著作《中国家具史·坐具篇》中谈及椅凳的分类时是将太师椅与交椅并列作为两种形制的椅子进行阐述的。谈及太师椅时，她认为太师椅与床式椅（即宝座）相似而尺寸略小，椅背基本为屏风式，两侧有扶手，椅面多为方形，也有式样独特的例子。交椅的特点是有轻巧的扶手，背板依照人脊背做出曲线，座面由丝绳编织，较为轻便舒适，往往用于室外或者厅堂内临时性的陈设。从摆设的角度来看，太师椅一般在厅堂的主要位置且不会随意搬动，这点与交椅陈设的随意性、暂时性有所不同。因太师椅使用者多为家族的长者或来访的贵客，这使它本身具有了一种尊贵、威严的心理暗

①庄绰，张端义：《鸡肋编·贵耳集》，上海古籍出版社2012年版，第139页。

示作用，使用者在用物过程中因感受到这种心理暗示而强化了自己高高在上的形象（图3-11）。从太师椅的比例尺度来说，它的设计是符合用物者心理需求的。太师椅的形制较宝座要小，但较于一般椅子来说比例尺度要大得多，这种比例上的体量感本身就可以增加椅子的庄重与威严感。太师椅的坐面尺度偏宽，人坐在椅子上很难直接靠在靠背上，且靠背为直靠背，没有弧度，左右扶手基本也无法同时靠扶，这使得使用者不得不正襟危坐。从用物者的人体尺度来看，太师椅的舒适度要逊色于其他类型的椅子，但是它的设计综合考虑了使用者的用物心理，为满足使用者特殊的用物心理，而在舒适度上做出适当让步。

图3-11　端庄威严的太师椅①

凳，一说是放在床前用于蹬床的一种工具，还有一种说法认为，凳最初不是坐具，主要用途是薰衣服和巾帨，多用竹藤等材料编成，随着高型家具的普及才逐渐成为一种坐具。凳的主要特征是无靠背、扶手，根据形状的不同有方凳（图3-12）、圆凳的区分，后来又演化出海棠凳、梅花凳等多边形凳。凳子无靠背、扶手，只是作为临时休息或短时间使用的坐具。板凳，是民间对于各种粗木制作，形制简单又具承坐功能的小型坐具的统称，这种坐具在条件有限的农村或经济比较落后的地区常见（图3-13、图3-14）。它们

图3-12　清紫檀木雕云纹带托泥长方凳②

图3-13　山东临沂地区自制板凳

①何晓道：《江南明清民间椅子》，浙江摄影出版社2005年版，第100页。

②上海博物馆藏，引自上海博物馆官方网站。

由老百姓自家制作而成，往往都是就地取材，因而样式各异、形式丰富。图3-15是笔者在山东聊城地区调研期间，在农民家中看到的一个简易坐具。从图片可以看出，它的制作十分简陋，柴房里取现成的一段木墩，再找几根长短差不多的木棍，用钉子钉上三条腿就算做成了。这种板凳一般在灶间添火做饭时使用，或者在院子里摘个菜时也可以用，但是都是临时性的坐具。使用者在使用这类坐具时的用物心理，基本是对坐具没有什么要求，用老百姓的话说“只要能临时坐坐就行”。

3-14　山东临沂地区自制板凳

3-15　山东聊城地区自制板凳

直背交椅，属于交椅样式的一种，另外还有圆背交椅。直背交椅从形制上来讲，比圆背交椅要简单，是一种没有扶手的、靠背为斜直状的交椅（图3-16）。与圆背交椅相比，直背交椅更小巧，用料更细挺，构架更简单，更具文人气。直背交椅是较受文人喜爱的一款坐具，常常使用在文人的书斋、庭院中。吴门画家多数都有坐于交椅上的自画像，可见文人对其喜爱程度。唐寅的《山庄图》中，文人就是背靠窗户坐在一把直背交椅上。

图3-16　交椅[①]

①张福昌主编：《中国民俗家具》，浙江摄影出版社2005年版，第106页。

与圆背交椅体现出的尊贵气质相比，直背交椅更多是表现出一种闲适安逸的气质。圆背交椅突出它的社交性，强调在公开场合中，用物者的尊贵身份；直背交椅则更强调私密性，它是文人雅士在自己书房、庭院内赏景、观画的坐具，用物者完全是处于松弛而享受的状态。正是基于这种用物心理的考虑，有些直背交椅的靠背坡度较大，使用时人的身体基本是半躺状态。这种半躺的休闲姿势只能在自家书房或庭院这种个人场所才会出现，公开的社交场合下还是以垂足端坐为礼。

躺椅是一种休闲性质的坐具，在现代生活中必不可少（图3-17）。盛夏村头院外，纳凉时少不了它；严寒正午，晒个太阳也少不了它。当我们坐在躺椅上时，实际是一种介于坐与躺之间的状态，整个身体是完全放松的。在使用躺椅时，我们的心态也是放松的，享受的是夏日的凉风、冬日的暖阳，是紧张生活中难得的休闲时光。闲适与惬意是使用躺椅时的主要心理状态。

图3-17　四川阆中民间竹圈枕头椅①

可见，不同形制的坐具对应了不同的使用方式和使用功能，也具有不同的用物心理。同时，用物心理也会反过来影响使用者，即人们一旦形成关于使用某物的共识心理时，就会主动进入特定的心理状态。比如，沙发是让我们感到舒适的现代家具，久而久之，共识心理就形成，即成为舒适放松的代名词，当我们使用它时就会自动进入相对放松的状态。这种器物与使用者之间的微妙心理感受，对器物的设计制作具有不可忽视的作用。

①徐雯：《中国传统艺术·古典家具》，中国轻工业出版社2000年版，第16页。

## 装饰的心理暗示

传统坐具的装饰题材十分丰富，主要有植物纹样、动物纹样、几何纹样、龙凤祥瑞纹样和神话传说、戏曲故事以及与佛教、道教有关的装饰纹样。这些丰富多样的装饰图案表达着人们对美好生活的向往和祈愿，从另一方面，也能反映出使用者的用物心理。对美好生活的向往是民间造物艺术的永恒追求，因此，在日常使用的坐具上通过装饰图案将人们的美好愿景传达出来，让使用者在使用过程中获得心理上的满足。

在人与自然关系亲密的传统生活方式下，自然界的花花草草、虫鸟鱼兽都给人们留下了深刻印象。当需要在器物上做装饰的时候，很自然地会把自然界常见的形象作为装饰图案。在坐具装饰中也延续了对自然纹样的使用，常用的植物纹样有卷草纹（图3-18）、葫芦纹、石榴纹、灵芝纹、竹节纹、西番莲花纹、荷花纹、牡丹图（图3-19）、葡萄图、梅花图等，常用的动物纹样有蝙蝠、喜鹊、狮子、燕、象、鹿、鹤等。吉祥龙凤是极具中国特色的装饰纹样，其使用范围相当广泛，表现形式亦是多种多样。在春秋战国时期就已经有龙凤纹样，其后不断发展变化，纹样的内涵也逐渐丰富。至明清时期龙纹被赋予浓厚的政治意味，成为皇权的象征，在坐具及其他家具装饰上对龙凤纹样的运用达到高峰（图3-20）。龙凤纹样在坐具的使用上，具有很大的灵活性，有写实，有抽象；有的用于椅背，有的用于扶手，可谓形式多样、变化多端。祥禽瑞兽题材装饰纹样以麒麟为代表，这种由自然界多种动物组合而成的吉祥动物与中国传统的生子观念结合在一起，“麒麟送子”成为备受人们欢迎的吉祥装饰纹样。几何纹样主要用于靠背、扶手及椅凳的边角位置，尤其在清式座椅中，几何纹装饰的太师椅成为一种普遍流行的装饰样式（图3-21）。

图3-18 [清]紫檀卷草纹圈椅[①]

图3-19 [明]扇面形南官帽椅靠背板开光牡丹纹[②]

图3-20 [明]凤戏牡丹纹[③]

图3-21 几何纹太师椅[④]

坐具装饰图案中常见的宗教图案是道教中的八仙图案。八仙图案有八仙纹与暗八仙纹的区别。坐具的基本形制决定了不可能有较大面积的装饰部位，因而一般只取一组八仙纹中的几个要素来表现。若装

①朱家溍：《明清家具（上）》，上海科学技术出版社2002年版，第37页。

②王世襄：《明式家具研究》，生活·读书·新知三联书店2013年版，第57页。

③胡德生，宋永吉：《古典家具鉴定》，吉林出版社集团有限责任公司2010年版，第222页。

④张福昌主编：《中国民俗家具》，浙江摄影出版社2005年版，第97页。

饰面积实在有限就以八仙的法器代表，称暗八仙纹（图3-22）。

图3-22 暗八仙图案①

神话传说在坐具装饰中也是常用题材，一张或一对屏风式的椅子，以一组图案描绘一段传奇故事，颇受文人雅士的喜爱。清乾隆时期的五岳真形图椅即描绘了一段传奇故事。此椅坐面长65厘米，宽50厘米，座高55厘米，背高56厘米，以紫檀木制成，后背及扶手做成七屏式，面下束腰，牙条下浮雕回纹枨。后背分三扇，顶端饰如意云头，空隙处浮雕回纹地，每扇背板正中镶安瘿木心，浮雕道教五岳真形图，背板三个，两个扶手各一个。五岳真形图，即五个符号，分别代表五大名山。在这张椅子上，以嵩岳居中，左一为华岳，左二为衡岳，右一为泰岳，右二为恒岳。“《抱朴子》曰：修道之士，棲隐山谷，须得五岳真形图以佩之，则山中魑魅虎虫、一切妖毒皆莫能近。汉武帝元封三年七月七日，受之西王母，流布人间。后太初年中，李充自称冯翊人，三百岁，荷草器负图遨游，武帝见之，封负图先生。故世人能佩此图，渡江海，入山谷，夜行郊野，偶宿凶房，一切邪魔、魑魅魍魉、水怪山精悉皆隐遁，不敢加害。家居供奉，横恶不起，祯祥永集云。故此图不独用为佩轴，家居裱成画图安奉亦可。”②由此可知雕刻

①路玉章：《木工雕刻技术与传统雕刻图谱》，中国建筑工业出版社2000年版，第343页。

②高濂著，王大淳点校：《遵生八笺 · 上》，浙江古籍出版社2017年版，第378页。

此图的目的，装饰只是一方面，更重要的是其可以驱魔避邪，能够保佑居家安乐，永葆吉祥。

总之，传统民间坐具的装饰题材无论是动植物纹样还是祥瑞仙兽纹样，不管是宗教题材还是神话传说题材，都有一个统一的基调，那就是迎祥纳福、趋吉避邪，表达人们对于美好生活的向往。在中国传统装饰纹样中，人们往往通过谐音或象征赋予自然界的万物以美好的寓意。比如蝙蝠与“福”，梅花鹿与“禄”，仙鹤与“寿”，喜鹊与“喜”，都有谐音，将四者放在一起就是寓意“福、禄、寿、喜”（图3-23）。

图3-23 蝙蝠纹太师椅[①]

同时，很多动植物也被赋予了象征意义。比如石榴代表“榴开百子”，牡丹则代表“花开富贵”，“寿”则以桃来代表，若桃与蝙蝠图案结合，就变成三福（蝠）捧寿（桃）。一只鹭鸟衔着一枝荷花，比喻一路（鹭）连科（莲荷），寓意科举考试一路顺利。坐具上看似不起眼的一些装饰，实则暗藏了百姓对于未来生活的诸多美好愿望。不同装饰纹样的象征意义实质就是人们内心期盼的具象表达，是心理需求的物化。备受百姓喜爱的龙凤图案，并不仅仅因其图案本身具有的形式美感，而是龙凤吉祥的观念早已深入人心（图3-24）。文人偏爱的“四君子”装饰题材，更多也是因为其背后的寓意。从图案装饰效果来看，牡丹图案构图饱满，寓意喜庆，在形式与寓意上并

图3-24 黑漆描金龙凤纹绣墩[②]

①张福昌主编:《中国民俗家具》，浙江摄影出版社2005年版，第96页。

②故宫博物院藏，引自故宫博物院官方网站。

不逊色于梅、兰、竹、菊，但是这与文人雅士淡泊宁静的追求相左，因而不得文人之心。同时，牡丹又是比“四君子”更受欢迎的图案，不管是官宦人家、商贾之家还是普通百姓，对它都情有独钟，毕竟牡丹“花开富贵”的吉祥寓意深得人心。可见，坐具的装饰并不仅仅是考虑图案形式美的问题，图案的寓意甚至是比形式更重要的。不同群体的用物心理会有差异，这种差异直接影响了使用者在坐具装饰图案上的选择。传统民间坐具的装饰图案能够对使用者产生美好祝愿的心理暗示作用，同时，对传统民间坐具装饰图案的选择，也是用物者的用物心理在装饰图案上的体现。

如上所述，在坐具形制及装饰中可以看到不同使用者的用物心理，在用物过程中，物与人的影响是相互的。一件好的坐具，一定是充分考虑到使用者用物心理的。当我们了解了太师椅端庄威严的心理暗示，就不会去抱怨它在使用舒适度上的欠缺；当我们认识到小板凳使用的临时性，就不会去苛责它制作的简陋；当我们认识到直背交椅使用的私密性，就不会去强求它形制的体面感；当我们了解到百姓迎祥纳福、趋吉避邪的心理后，就不会抱怨精雕细刻的图案所耗费的时间成本。对坐具使用者用物心理的关注，能够让我们更好地理解传统坐具的造型与装饰，也能够让我们更懂得传统造物艺术中隐藏的生活智慧。

## 第三节　传统民间坐具的伦理尺度

“伦”与“理”原本是两个词，许慎在《说文解字》中说：“伦，辈也，从人仑声，一曰道也。”[①]“理，治玉也。”[②]孟子称人伦为：“父子有亲，君臣有义，夫妻有别，长幼有序，朋友有信。”这里的“伦”

①许慎撰，段玉裁注：《说文解字注》，上海古籍出版社1988年版，第372页。

②许慎撰，段玉裁注：《说文解字注》，上海古籍出版社1988年版，第15页。

明确指出是人伦，人伦就是人道，指父子、君臣、夫妇、长幼、朋友等社会人际关系符合封建等级宗法制度。“理”的原意，指依照玉石本身的纹路来雕琢玉器，使得玉器成型，后来引申为治理、协调社会生活和人际关系。传统坐具设计的伦理尺度即从伦理的角度，从用物过程中涉及的人与物、人与人之间的关系来探讨社会规范、宗法制度等伦理观念对于传统坐具的影响。

## 席不正不坐

古语讲“席不正不坐，肉不方不食”，可见，在传统社会仅仅坐得舒服是不够的，还要适宜，符合社会礼法的要求。传统社会下所强调的礼法主要是强调秩序感，无论是父子之亲、君臣之义还是夫妻之别，强调的是一种上下有秩、尊卑有序的秩序感。这种严格的礼法存在于生活的方方面面，从站相坐姿到走路行车都有具体的礼仪制度规定。许多原本普通的日用器物被附加了许多礼制内容，这也是“礼藏于器”思想的体现。早期坐具使用中最强调礼法制度的是席。

古代社会关于席的使用有若干规定，这些详尽的规定恰好反映了当时社会对于坐的礼仪性的具体要求。《周礼·春官》中有：“司几筵掌五几五席之名物，辨其位，与其位。”[①]司几筵负责根据不同的场合、不同身份的用席规矩来设几、铺席。席体现的尊卑有别，与席的用材、数量有关，一般以层数多者为贵。《周礼·春官》有“凡大朝觐、大飨射，凡封国、命诸侯，王位设黼依，依前南乡，设莞筵纷纯，加缫席画纯，加次席黼纯，左右玉几”[②]。纯是席的边缘，莞筵纷纯就是莞席以白绣为边；缫席画纯是缫席以画五色云气为边；次席黼纯是竹席镶黑白相间的花纹为边。两君相见或天子时祭都是这三重席，这是最高等级，是为天子所设之席。不同质地的席在铺设时的上下次序也是有

①阮元校刻：《十三经注疏·周礼·春官宗伯第三》，中华书局1980年版，第774页。
②阮元校刻：《十三经注疏·周礼·春官宗伯第三》，中华书局1980年版，第774页。

寓意的，“莞是丛生水上之草，完而用之表其德之纯全，纷纯表其文采之缤纷。缫席表其有华藻之文。次席表其有秩序之节，用黼纯表其有威断。莞筵纷纯以全体之质，缫席画纯以文采为之文，次席黼纯以斧形为之断。有质为本，有文为饰，文质备于内，然后以断行于外。故莞席在下，缫席在中，次席黼纯在上，如此重重有序，则孰敢不俯伏听命一德，以尊天子乎？”[①]在这里不同材质的席被赋予了不同的“德行”，对席之使用的规范性似乎也从“德”上找到了存在的依据。

在人生礼俗中，席的使用也是有差别的。比如在丧礼中，据《礼记·丧大记》载：“小敛于户内，大敛于阼，君以簟席，大夫以蒲席，士以苇席。”[②]国君死后大敛、小敛都用比较细的竹席，大夫用蒲席，士则只能用比较粗的苇席。此类礼仪规定以各类法令、法规的形式在封建社会中不断被重复宣扬而渐渐深入人心，成为人们坐立言行的一种潜在标准，进而影响到人们用物时的心理。在《礼记·檀弓上》中记载了曾子临死前坚持守礼换席的故事：“曾子寝疾，病。乐正子春坐于床下，曾元、曾申坐于足，童子隅坐而持烛。童子曰：‘华而睆，大夫之箦与？’子春曰：‘止！’曾子闻之，瞿然曰：‘呼！’曰：‘华而睆，大夫之箦与？’曾子曰：‘然。斯季孙之赐也，我未之能易也。元起易箦！’曾元曰：‘夫子之病革矣，不可以变。幸而至于旦，请敬易之。’曾子曰：‘尔之爱我也，不如彼。君子之爱人也以德，细人之爱人也以姑息。吾何求哉？吾得正而毙焉，斯已矣。’举扶而易之，反席未安而没。”[③]曾子因为自己不是大夫，坚持换掉不符合自己身份的竹席，批评他的儿子和弟子不让换席是“细人之爱”。曾子坚持要换掉不符他身份的席，最终“反席未安而没”，可见礼制规范对人的心理影响之深。竹席与草席都是普通的坐具，从其自然属性看两者的区别仅在

①崔咏雪：《中国家具史·坐具篇》，明文书局1990年版，第30页。

②阮元校刻：《十三经注疏·礼记·丧大记第二十二》，中华书局1980年版，第1577页。

③阮元校刻：《十三经注疏·礼记·檀弓上第三》，中华书局1980年版，第1277页。

于材料，但是礼仪制度的规定为原本普通的坐具增加了许多附加意义，甚至把这些附加的意义与“德”相结合，使人们在使用同一坐具时因不同礼仪制度的规定而产生不同的用物感受。

## 尊卑有序

封建社会伦理思想的核心观念是尊卑有序，日常生活的衣、食、住、行、用都有等级划分，作为日常起居使用的坐具也不例外。坐具的品类较为丰富，椅、凳、墩之间也有等级高下的差别。

宝座是主要供帝王使用的一种宽大坐具，作为权力与地位的象征，是坐具中等级最高的一种（图3-25）。宝座一般以紫檀或红木等名贵木材制成，用料厚实，形制庄重，豪放与威严中不失精致，椅身多有繁复的雕刻纹饰和珍宝镶嵌，极尽富丽繁华，突显使用者身份的高贵。宝座一般单独陈设，放置于宫殿的正殿明间，而放置于配殿时也要放于室内中心或显要位置，凸显帝后庄重的身份。宝座使用时还会有配套家具及陈设，一般周围要有屏风、宫扇、香筒、角端、香几等，更能衬托其威严与华贵。《明成祖坐像》对宝座形象进行了极其细致的刻画，不仅展现出基本形制也将装饰细节与各部分结构关系细致展现。宝座的形制尺寸较太师椅还要大许多，座面进深、座宽较大，左右扶手因座太宽基本无法倚靠。宝座因为其功能特殊，同时又是在空间相对宽阔的宫殿中使用，所以体量要比普通座椅

图3-25　紫檀嵌染牙菊花图宝座[1]

①故宫博物院藏，引自故宫博物院官方网站。

大，这样才能达到彰显帝王身份的目的。宝座是一种特殊的坐具，历史上为帝王专用，民国以来民间也有出现，但是其体量过大，并不适用于日常生活，因而也就没有普及开来。

传统民间坐具的常用品类中等级较高的是交椅。交椅，自域外游牧民族的胡床演化而来，因便于移动，可以折叠，使用起来十分方便而广受欢迎（图3-26）。交椅的名称是自宋代开始出现，并在上层使用的一种坐具。宋人王明清《挥麈录》记载："绍兴初，梁仲谟汝嘉尹临安。五鼓往待漏院，从官皆在焉。有据胡床而假寐者，旁观笑之。又一人云：'近见一交椅样甚佳，颇便于此。'仲谟请之，其说云：'用木为荷叶，且以一柄插于靠背之后，可以仰首而寝。'仲谟云：'当试为诸公制之。'又明日入朝，则凡在坐客，各一张易其旧者矣。其上所合施之物悉备焉。莫不叹伏而谢之。今达宦者皆用之，盖始于此。"[2]可惜这种椅子的实物没有流传下来。由此看来，宋代交椅是在社会上层，至少是官宦阶层使用的一种坐具。发展至元代，交椅依然是有身份的人才能使用的坐具，只有地位较高的人家才能在厅堂摆放交椅。元代交椅仅供主人和贵客使用，妇女和下等人只能坐圆凳或马扎。如元刻《事林广记》中的一幅插图，男主人与一位贵客分别坐在交椅上交谈，其他人侍立左右。因为交椅能够折叠，便于移动，经常用于户外。皇帝外出狩猎或领兵作战时也经常使用交椅，久而久之，交椅与权力、指挥者联系起来，后来延伸出"第一把交椅"的说法。

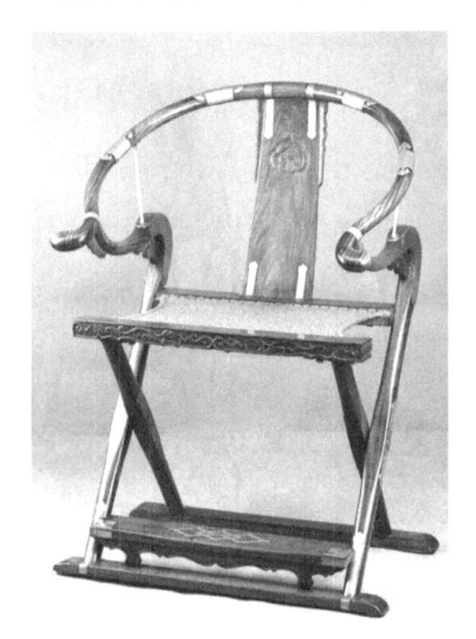

图3-26 ［明］黄花梨双龙如意云头纹靠背板交椅[1]

①观复博物馆藏，引自观复博物馆官方网站

②王明清：《挥麈录》（卷3），商务印书馆1934年版，第3—4页。

除交椅外，太师椅也是寓意较为尊贵的一种坐具，前文已经提及，此处不再赘述。整体而言，传统坐具中椅类普遍都要比凳、杌等级高，而凳、杌等级又高于墩。《宋史·丁谓传》有一则记载："遂赐坐。左右欲设墩，（丁）谓顾曰：'有旨复平章事。'乃更以杌进，即入中书视事如故。"[①]从中可以看出，杌的等级要高于墩。杌，字见南朝顾野王《玉篇》："树无枝也。"[②]明代黄一正《事物绀珠》中有"杌，小坐器"[③]的记载。有的认为，杌即是交床，也称"交杌""马扎"，至今在山东地区方言中称马扎为"杌扎"，这种说法应当有一定渊源。也有人认为，杌并不特指马扎，而是指一类没有靠背的小型坐具。在《长物志》中，杌与凳是同义。"杌有二式，方者四面平等，长者亦可容二人并坐，圆杌须大，四足彭出，古亦有螺钿朱黑漆者，竹杌及环诸俗式，不可用。"[④]杌、凳都是没有靠背的坐具，形制较椅类简单许多，因而等级低于椅类。墩之所以等级较低，应当与其造型似鼓，缺乏稳定感，为临时性坐具且多为女子使用有一定关系。

椅、凳、杌、墩皆为普通的日用坐具，但是随着社会政治、文化的发展，逐渐被赋予伦理价值观念，有了尊卑等级的差别。这种等级观念并不值得提倡，但是完全抛开伦理价值观念就无法对传统民间坐具有一个全面的认知。

## 男女有别

传统伦理道德观念中，除了强调等级差别，还格外注重性别差异，在日常器用中能够看到男尊女卑观念的流露。椅子出现后，首先在上

①转引自许嘉璐主编，倪其心分史主编：《二十四史全译·宋史·第10册》，汉语大词典出版社，2004年版，第6442页。

②转引自王世襄编著，袁荃猷制图：《明式家具研究》，生活·读书·新知三联书店2008年版，第22页。

③转引自张加勉：《国粹图典——家具》，中国画报出版社2016年版，第62页。

④文震亨撰，胡天寿译注：《长物志》，重庆出版社2017年版，第130页。

层社会开始使用，然后才自上而下、自男而女普及开来。从墓室中发现的壁画来看，元代男女在坐具的使用上是有所区别的。元代永乐宫壁画中有一位妇人，从其发型与服饰，以及旁边有侍女来看，应当身份尊贵，但是其所坐的坐具是马扎而不是椅子。可见，贵族女子早期也是不能坐椅子的。图3–27是内蒙古赤峰元宝山元代墓室中出土的壁画，高卷的帷帐下夫妻两人平起平坐，但是仔细观察他们的坐具可发现，画中女子的坐具为凳子，这件凳子有束腰，腿三弯向外呈马蹄形，腿间安有云纹牙板。男子的坐具有些模糊不清，其具体形制也被衣服遮住，但是从露出的椅腿即可判断出男子的坐具应是交椅。椅子与凳子的差异，在一些夫妻画像中体现得直接而显著，可见这在当时是较为常见的现象，男尊女卑的观念是封建社会的共识。当女子可以与男子使用同样的坐具时，男尊女卑的观念依然存在，样式相同但大小尺寸上有差异（图3–28）。男尊女卑的观念是封建社会重要的伦理观念，通过物的差异性体现使用者的

图3–27　内蒙古赤峰元宝山元代墓室壁画①

图3–28　山东嘉祥英山一号隋墓壁画②

①胡文彦，于淑岩：《中国家具文化》，河北美术出版社2002年版，前言第22页。

②画中坐具形制相同大小有别，选自胡文彦、于淑岩：《中国家具文化》，河北美术出版社2002年版，前言第8页。

身份差异。这一基本造物理念被延续下来，图3–29是清代的一对圈椅，两者形制相同，但是大小上有所区别，尺寸相差不到10厘米，却将使用者进行了尊卑的差别化区分。这种差别化的设计观念，在封建时代的器物设计中是非常普遍的。通过一件小小的坐具，传统社会中男尊女卑的伦理价值观念以一种含蓄的方式呈现，在用物过程中这种观念又被不断深化。

图3–29　清代圈椅[1]

男尊女卑的观念，在坐姿由席地坐转向垂足坐的过程中也有体现。事实上，早在汉代时期已出现垂足坐。但在通行跪坐的汉代，箕踞和垂足坐往往引起人们的反感[2]。江苏铜山耿集发现的一块画像石，刻有一执刀人垂足坐于凭几之上，这是一种无礼的姿势，在当时并不多见（图3–30）。视垂足坐为无礼之举与礼制对人的坐姿要求有很大关系。魏晋之后，垂足坐开始慢

图3–30　江苏铜山耿集画像石[3]

①张福昌主编：《中华民族传统家具大典·地区卷》，清华大学出版社2016年版，第91页。

②参考孙机：《汉代物质文化资料图说》，文物出版社1991年版，第223页。

③孙机：《汉代物质文化资料图说》，文物出版社1991年版，第221页。

慢被中原文化接受，首先在上层社会流行，且以男性为主，囿于传统礼制观念女子仍不可以在社交场所垂足坐，这种情况到宋代依然没有改变。陆游《老学庵笔记》记有："徐敦立言：'往时士大夫家，妇女坐椅子兀子（杌子），则人皆讥笑其无法度。'"[①]由此可见，至宋时人们对女子坐椅子还抱有成见，认为这样是无视礼法的表现。

在看待传统民间坐具设计时，不能单纯地从人体舒适性角度来考虑，必须考虑到社会文化环境。中国传统坐具对舒适性的追求是建立在对坐具材料、使用环境、使用心理等约束性条件下的舒适，是在符合礼仪制度规范前提下的相对舒适。总而言之，传统民间坐具的设计要综合考虑到人体尺度、心理尺度、伦理尺度，三个尺度不是孤立的，相互之间是有着内在联系的。在论及尺度问题时，马克思在《1844年经济学哲学手稿》中提出了经典论点，"动物只是按照它所属的那个种的尺度和需要来建造，而人懂得按照任何一个种的尺度进行生产，并且懂得处处把内在的尺度运用于对象；因此，人也按照美的规律来建造"[②]。这里指出三种尺度：一是"种的尺度"，二是"任何一个种的尺度"，三是"内在的尺度"。"种的尺度"是某类物种自身所固有的单一尺度，如蜜蜂造巢、蜘蛛织网等，"任何一个种的尺度"是人在实践中所把握的尺度，而"内在的尺度"则是人自身的尺度。实践证明，人类正是将这两种尺度辩证统一起来，不断地进行着创造。中国传统民间坐具的发展，也遵循这一规律，它不以某种单一尺度为标准，而是将人体尺度、心理尺度、伦理尺度辩证统一、相互融合。

---

①陆游撰，杨立英校注：《老学庵笔记》，三秦出版社2003年版，第132页。

②马克思，恩格斯：《马克思恩格斯全集》，人民出版社1979年版，第97页。

# 第四章　坐具之美:传统民间坐具的装饰与审美

坐具的造型与装饰决定着人们的整体印象，在坐具结构相似的情况下，装饰自然而然就成为关注的焦点。装饰的不同，造就了不同风格的坐具。宫廷坐具强调装饰的富丽奢华，民间坐具则相对简朴素雅。不管是哪一种风格，都代表了一种审美观念和生活追求。传统民间坐具主要是供人们日常起居使用，其设计制作相对较为朴实，但是，即使是普通、简易的民间坐具，也有装饰、美化的意图。所谓“爱美之心，人皆有之”，越是在条件简朴的生活中，越要通过手艺创作，增加生活的情趣。传统民间坐具的美是多样化的，有各种图案纹样的装饰之美，也有各地工匠高超技艺造就的工艺之美，更有传统审美观念影响下的意象之美。

## 第一节　传统民间坐具的装饰美

传统民间坐具装饰的主要形式之一是各种装饰图案，但因受结构限制，不像屏风、衣柜等有大面积可以装饰的地方，因而能够雕刻装饰图案的地方都较小，所以以团花或带状花为主。装饰图案的主题较为丰富，以祥禽瑞兽、喜庆如意的图案为主。传统民间坐具的结构在承担一定功能的同时也兼具装饰性，较有特色之处。通过传统民间坐

具的装饰，能够看到民间造物艺术的审美表现，能够了解民间造物审美观念在日常坐具中的表达（图4-1）。

图4-1　黄花梨木雕六螭捧寿纹玫瑰椅[①]

## 装饰图案

传统民间坐具的装饰图案，题材内容较为丰富，基本常见的装饰图案类型都有涉及，如动物类、植物类、几何类、人物类以及吉祥文字等。每一类型的图案都有使用较多的纹样，比如动物类的以祥瑞动物龙凤、麒麟、蝙蝠为主，植物类的团花和卷草纹使用较多。团花适用于椅子靠背，卷草能够很好地装饰边条位置。几何类的回纹应用较多，用以装饰长条状位置。人物类则以戏出故事为主，如《西厢记》《三国演义》等。吉祥文字类，多为福字、寿字等。

动物祥瑞纹样中最常见的是龙凤题材，一般用于成对椅子的靠背处，一种为龙凤呈祥纹样，两把椅子左右纹样相同；一种为团龙团凤纹样，两把椅子各用一个团龙或团凤。单独用龙纹的椅子较常见，单独用凤纹做装饰的椅子则较少见。草龙，是龙纹的一种演化，也是坐

①故宫博物院藏，引自故宫博物院官方网站。

具中常出现的一种图案。草龙纹的特点是在龙尾及四足均变成卷草，将龙的造型与卷草形象巧妙结合起来，形成一个疏朗、流动的图案。

图4-2　紫檀透雕夔纹罗汉床[②]

坐具中还有一些龙纹的变形纹样，比如夔龙纹、蟠螭纹等。夔，《说文解字》中对它的解释是“如龙，一足”[①]。夔龙纹起初用于青铜器装饰，后来在陶瓷、建筑、家具上也常使用（图4-2）。孔子博物馆收藏有一张紫檀五屏风大椅（图4-3），椅子形制宽大，五屏风式围子，后背三，两侧扶手各一，后背屏风可见满雕夔龙纹。夔龙形象大小不一，依据屏风大小进行适形变化，搭配卷云式搭脑，束腰，刻云纹券口牙子，内翻马蹄足，足下有方形托泥。整个座椅造型大方，用料敦实，配合夔龙纹装饰，整体恢宏大气，颇有大家风范。拐子龙，是坐具中出现频率较高的纹饰，也是龙纹的变形，特点是龙足、龙尾的部分高度图案化，转角呈方形，棱角分明，非常有形式感。有些椅子的靠背直接以拐子龙纹饰组成，直角的转折形成有节奏的律动感。

图4-3　紫檀五屏风大椅[③]

①许慎撰，段玉裁注：《说文解字注》，上海古籍出版社1988年版，第233页。
②吴美凤：《盛清家具形制流变研究》，紫禁城出版社2007年版，第335页。
③孔子博物馆藏，引自孔子博物馆官方网站。

龙纹早期主要是一种图腾，具有一定震慑作用，后来演化为权力的象征，为帝王使用，“清代的龙纹已完全程式化，并赋予吉祥意义”[①]。清代包括龙纹在内的各种纹饰开始世俗化，普遍出现在包括坐具在内的各类器物装饰上。

清代以来，“图必有意，意必吉祥”的图案发展起来，动物纹样中的蝙蝠、麒麟、仙鹤、鹿、狮、虎、鱼等都是广受欢迎的吉祥纹饰。蝙蝠之“蝠”因与福气的“福”谐音，寓意多福。蝙蝠形象多变，多与其他动物、植物、文字相组合，形成寓意更多样的吉祥图案，“五福捧寿”“福寿双全”“福在眼前”是蝙蝠纹的常见组合。观复博物馆收藏有一对清代红木太师椅，其装饰即是以蝙蝠纹为主，同时与官印、寿桃组合，寓意福禄寿三多（图4-4）。太师椅的造型配合福禄寿三多的装饰图案，将美好祝愿外化于器物装饰，表达人们对未来美好生活的向往。除蝙蝠纹样之外，较受欢迎的动物纹饰还有鹤、鹿。鹤是仙禽，民间多称为仙鹤，常用以象征长寿、高洁。传说仙鹤是仙人的坐骑，能腾空翱翔。《淮南子》：“鹤寿千岁，以极其游。”[③]“六合同春”“松鹤长春”“龟鹤齐寿”都是民间表达长寿主题常用的装饰图案。鹿，为吉祥动物，在古代传说故事中常常出现。《抱朴子》称“虎及鹿兔，皆寿千岁”[④]。因南方读六与鹿同音，合与鹤同音，所以“鹿鹤同春”意同“六合同

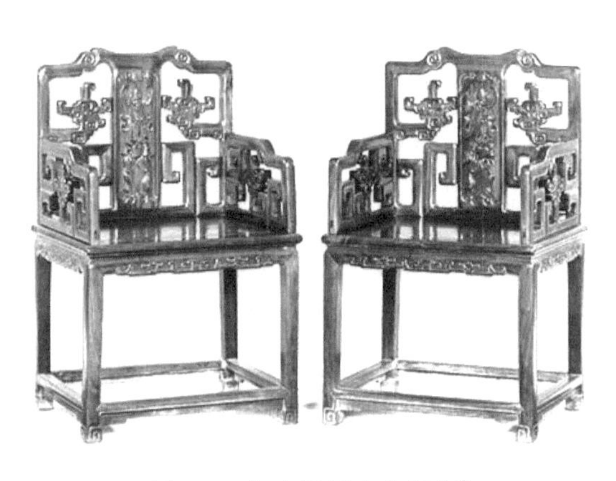

图4-4　红木福禄寿太师椅[②]

①田自秉，吴淑生，田青：《中国纹样史》，高等教育出版社2003年版，第411页。
②观复博物馆藏，引自观复博物馆官方网站。
③刘安等，高诱注：《淮南子》，上海古籍出版社1989年版，第190页。
④葛洪：《抱朴子》，上海古籍出版社1990年版，第15页。

春”，象征天下皆春。

植物纹样在传统民间坐具中的应用也较为普遍，传统的图案有卷草、牡丹、莲花、石榴、梅花、菊花、兰草、竹子、灵芝、忍冬等。卷草纹在坐具中应用较广，既可以单独使用，也可以与其他纹样组成图案。单独的卷草纹可以用来装饰透雕的卡子花或浮雕的边缘，在长度上可以自由延展，用来装饰狭长的边缘位置最为适合，而且造型舒展，二方连续式的处理容易产生生动、富有韵律的效果。花卉是明式家具中使用最多的一类题材，尤其是各类花卉的团花图案，是座椅靠背板最常用的装饰图案（图4-5、图4-6）。不同花卉各有不同寓意，可单独使用，也可搭配形成组合图案。牡丹，是花中之王，素有国色天香的美誉，也是传统文化中的富贵花，在民间别称“百两金”。牡丹因花开富贵的寓意，在民间广受欢迎，应用于刺绣、陶瓷、家具等领域（图4-7）。从图案的角度来说，牡丹的流行，与其花型较为饱满，富有装饰效果也有一定关系。石榴，因其多籽的特点，用来寓意多子。石榴纹单用时一般选用裂开口的石榴，里面的石榴籽要露在外面，寓意“榴开百子”。石榴的组合图案，主要是与佛手、桃子组合，寓意多福、多寿、

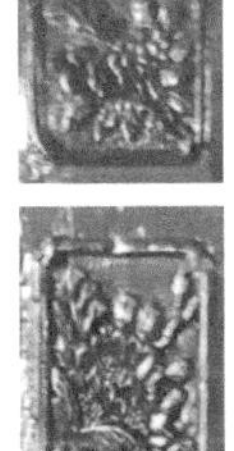

图4-5　花卉纹靠背椅[①]

图4-6　紫檀木百宝嵌花果图宝座[②]

①张福昌主编：《中国民俗家具》，浙江摄影出版社2005年版，第122页。

②故宫博物院藏，引自故宫博物院官方网站。

多子。传统观念认为“多子多福”，因而石榴、“三多”图案在民间的使用也较多。植物纹样中还有一类被赋予特定人格象征的图案，如莲花、菊花、梅花、竹子等。莲花，素有出淤泥而不染的特质，人们借用其高洁，不受世俗污染的品格，来标榜个人人格的高洁。当然，莲也有“连生贵子”“连年有余”之意。一般以单独莲花出现，多意指高洁，而与胖娃娃、鲤鱼组合，则为“连年有余”之意。菊花是历代诗人乐于歌颂的对象，陶渊明的“采菊东篱下，悠然见南山”，郑板桥的“吾家颇有东篱菊，归去秋风耐岁寒”都是对菊花高贵品质的赞美（图4-8）。梅花，颜色素雅，却香气扑鼻，在百花凋敝的冬日，更显难得。梅兰竹菊又被称为“四君子”，约兴起于晚唐，为文人雅士所钟情，后来也成为民间家具常用的装饰主题。

图4-7　牡丹纹屏背椅[1]

图4-8　湘妃竹黑漆描金菊蝶纹靠背椅[2]

人物类纹饰在大型家具中使用较多，坐具类囿于装饰面积有限，使用不是特别普遍。人物类纹饰的使用，地域性特点明显，北方地区相对较少，南方地区使用相对多一些，尤其是在戏剧资源丰富或木雕工艺发达地区，如安徽、浙江、福建等地区。人物类纹饰的主要题材

①张福昌主编：《中国民俗家具》，浙江摄影出版社2005年版，第120页。

②故宫博物院藏，引自故宫博物院官方网站。

为戏出故事、历史典故、演义小说等，如《西厢记》《牡丹亭》《三国演义》《二十四孝》等（图4-9）。几何类纹饰，可以分为两种，一种是雕刻的几何纹，一种是用攒斗的方式将木头加工成几何纹。单独使用的雕刻几何纹较为少见，在家具中一般会浅浮雕回字纹作边角装饰。透雕几何纹的情况基本不存在，一是比较费工，二是雕刻的木纹容易断裂，为了解决这一问题，产生了攒斗的做法。攒斗指的是攒接和斗簇两种方式：攒接即是用纵横斜直的短材，利用榫卯结合起来，组成各种几何图形；斗簇即是用锼镂的花片，仗栽销把它们斗拢成几何图形。用攒接的方法，可以节约木材，合理利用木纹，并达到较好的装饰效果。用攒接法可以做成的几何图案有十字连方、万字、扯不断等。几何图案可以在纵横两个方向根据家具形制需要任意延长，常用于做床围子。

图4-9　人物纹太师椅[①]

文字类装饰纹样一般都是吉祥文字，如福、禄、寿、喜、如意等。坐具中使用文字装饰，最简单的方式是直接在椅子靠背上刻字，代替团花纹，也可以利用文字做造型。观复博物馆收藏一对清代红木寿字攒拐子太师椅（图4-10），硕大的寿字纹雕刻在靠背的正中，搭配拐子龙纹饰。寿字做了图案化处理，搭配的纹饰为拐子龙，寿字在转折上也强调了直角转折，让整个座椅

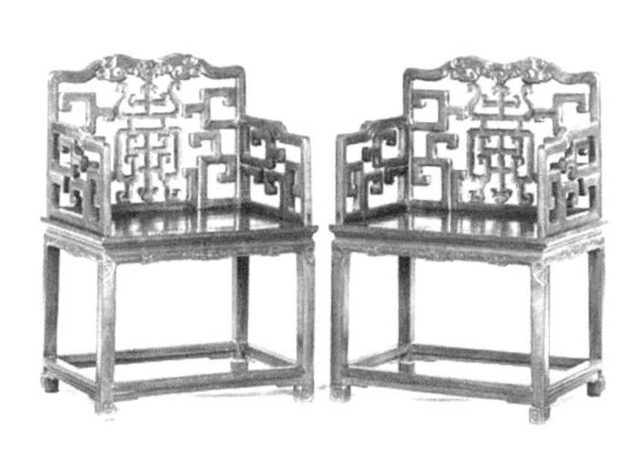

图4-10　红木寿字攒拐子太师椅[②]

①张福昌主编：《中国民俗家具》，浙江摄影出版社2005年版，第99页。

②观复博物馆藏，引自观复博物馆官方网站。

风格更加协调统一，反映着人们最真实朴素的心愿，即对健康、幸福、长寿的追求。

## 十里红妆

日常生活中使用的家具一般较为简朴，而在人生重要阶段使用的家具则要隆重许多，与人生礼俗相关的家具装饰性也更强。与家具相关的人生礼俗中，婚俗是关系最紧密也最重要的。北方农村地区，娶媳妇前一定要做的事情就是装饰新房、定做新家具。南方地区普遍对女子嫁妆较为重视，尤其是浙江、福建等地。嫁妆显示着父母对女儿的宠爱，不管经济条件如何，女子出嫁时娘家都会准备相应的嫁妆。旧时，经济条件好的家庭，陪嫁会较为丰厚，以此显示娘家的实力，提高女方在男方家庭中的地位。陪嫁家具是嫁妆的重要部分，从全国范围来看，陪嫁家具在数量规模以及材质装饰上最具代表性的还是浙江地区。

明清时期浙江地区经济活跃，工商繁荣，富商云集，百工兴旺，这为浙江地区嫁妆家具的发达积累了物质基础和工艺基础。浙江婚俗中最出名的是十里红妆。十里红妆，起初指浙江地区女儿出嫁时送嫁人员众多，队伍甚至绵延十多里地的场景，后来逐渐以此作为当地婚俗文化的代称。十里红妆尤其以红妆家具闻名，各式家具统一做成喜庆的大红色，配着泥金和透雕的装饰，既符合婚嫁的喜庆气氛又独具地方特色。红妆家具的品类十分丰富，床、桌、椅、箱笼，成套的红脚盆、提桶、果桶等，日常所需无所不包。小件东西盛放于红色扛箱，大件家具由送亲队伍或抬或扛，一路浩浩荡荡伴着鼓乐吹打送至夫家。十里红妆因为是婚嫁时使用，因此，要比一般家具更强调装饰性，其突出特点有以下几点：一是家具通体用红漆漆饰，与普通红漆有所不同，它来自于朱砂漆工艺，该工艺将天然朱砂调成大漆，再用大漆漆饰家具表面。二是家具多在局部使用泥金装饰，即在通体朱红色的家具上配上金灿灿的金漆，配色鲜亮又贵气。三是部分使用雕刻手法进行装饰，在牙板、靠背等处进行浮雕、透雕，雕刻内容多为吉祥图案，丰富家具的装饰效果。红妆家具中最奢华的当属“万工轿”（图4-11）。所谓万工轿，也称百子轿，即需要花费万个工时才能制作完成的花轿，目前保存最完整、最奢华的万工轿收藏在浙江博物馆。该轿的装饰十分华丽，轿身四周有圆雕、浮雕、透雕人物计四百左右，可见其豪华程度。常用的装饰图案都是与结婚喜庆相关的，动物祥瑞类的有龙凤呈祥、喜鹊登梅、松鹤延年、狮子石榴等，添子祈福题材的有麒麟送子、和合二仙、天官赐福、魁星点斗等。

图4-11　清金箔贴花花轿(万工轿)①

①浙江博物馆藏，引自浙江博物馆官方网站。

十里红妆常见的坐具类型有靠背椅、圈椅、小姐椅、交椅、摇椅、童椅、春凳、方凳等，其中最有特色的是小姐椅。小姐椅（图4-12），宁海地区也称小脚椅或洗脚椅，上海称女儿椅，它的基本形制是一种无扶手的靠背椅，但是整体尺寸要比普通靠背椅小很多。小姐椅主要是供女性在内室使用的坐具，可以洗脚、沐浴时使用，也可以在其他地方使用。小姐椅的材质多为浙江地区常见的木材，一般以榉木、楠木、梓木为主，也有樟木。小姐椅的装饰主要集中于靠背和坐面下的牙板，牙板多为透雕卷草花卉或几何纹，靠背最常见的是分为三段进行装饰，中间部分一般用浮雕、透雕手法雕刻戏出故事或祈子、祈福类的主题图案，上端与搭脑相连处浮雕植物花卉纹，下端与座面连接处做简单装饰。小姐椅整体造型小巧，做工精致，装饰华丽，是红妆家具中很有代表性的坐具。

图4-12　明式朱漆小姐椅[①]

## 结构部件装饰

传统民间坐具的装饰与结构关系密切，一些小的部件既是结构的一部分，同时也是一种装饰，可称为结构部件装饰。这些结构部件本身具备一定实用功能，在制作时木匠又会对其进行美化，使其具有一定装饰作用。这是传统家具装饰的一个重要特点，在坐具的装饰中应用也较为普遍。

搭脑，是椅子的一个重要部件，人坐在椅子上，头部后仰所搭的位置即是搭脑。搭脑相当于椅子靠背顶端的横梁，椅腿、靠背的上端都要连接于搭脑。从形状上来看，其基本形状有圆形、方形、扁形三

①何晓道：《江南明清民间椅子》，浙江摄影出版社2005年版，第113页。

种，在此基础上，又有直线、曲线的变化，可以说变化万千，线形各异，配合不同坐具的造型，为坐具增加线条的律动感和优美感（图4-13）。

图4-13 紫檀卷书式搭脑扶手椅①

替木牙子，又称托角牙子或倒挂牙子，为家具横材与竖材相交拐角处结构，也有在两根立柱之间使用的长牙条，其基本功能是承重和加固，使家具不易变形。替木牙子有牙头和牙条之分，一般在椅背搭脑和立柱的结合部位，或者扶手与前角柱结合的部位，多使用牙头，而一些形体较大的器具，如画案、长桌、衣架等则多使用牙条。除牙头和牙条之外，还有许多造型牙子，如云头牙子、弓背牙子、棂格牙子、悬鱼牙子、流苏牙子、龙纹牙子、凤纹牙子或各种花卉牙子等。这些变化多样的替木牙子，既起到美化装饰作用，又发挥承重加固功能。

圈口，是装在框状结构里的牙板，四面牙板相互衔接，中间留出亮洞，故称圈口。圈口主要用于案腿内框或亮格柜的两侧，常见形式有长方圈口、鱼肚圈口、椭圆圈口、海棠圈口等。与圈口类似，常在椅子一类的坐具中使用的是壶门券口（图4-14）。壶，本意指皇宫里的

①上海博物院藏，引自上海博物院官方网站。

路，壶门，即指皇宫里的门。壶门券口，主要用于座面与椅腿之间，为三面牙板组合而成，座椅下方有一用于脚踏的横木，这一面一般不安牙板。壶门券口，由牙板组成一个中空的空间，增加了坐具的空间层次，丰富了坐具造型的变化。

图4–14 壶门券口装饰的太师椅[①]

坐具腿足的变化也是极富装饰效果的，不同风格的坐具搭配不同形状的腿足，形成和谐统一的美感。除了常用的直腿、圆柱腿、方圆腿外，极具装饰性的还有三弯腿、鼓腿膨牙、蚂蚱腿等。三弯腿，即腿部先向外膨出，然后再向内收敛，收至下端，又向外微翻，形成三道弯，故名三弯腿（图4–15）。鼓腿膨牙，指腿部先向外膨出，然后稍向内收敛，不再外翻，形成一个弧形（图4–16）。不做任何雕刻，靠木材本身的纹理来突出材料本身的美感。蚂蚱腿，上粗下细，中间雕刻花卉或兽首，因外形与蚂蚱腿相似故名。其他还有竹节腿、撇腿、板式腿等。足是坐具腿部着地之处，也多做出各类造型，如兽爪、马蹄、

①张福昌主编：《中国民俗家具》，浙江摄影出版社2005年版，第96页。

如意头、卷叶、涡纹等形状。坐具因形制所限，雕刻类图案无法大面积装饰，但结构部件装饰大大丰富了坐具的装饰样式。

图4-15　黄花梨木雕花卉纹藤心圈椅(三弯腿)[①]　图4-16　红漆嵌珐琅山水人物图圆凳(鼓腿膨牙)[②]

## 第二节　传统民间坐具的技艺美

传统手工业时代，日用的所有物品都靠手工制作，民间坐具也不例外。手工制作，自然离不开制作的技艺，虽材料相同，但不同工匠制作的器物却千差万别。技艺，对于手工制品而言是其根本。技艺对于传统民间坐具的影响是隐性的，它不像装饰图案，体现于器物外在，很容易被看到。技艺对于坐具的影响，在坐具的整体造型中，在坐具装饰图案背后的技巧中，在坐具呈现出来的整体风格中，它不易被察觉，却发挥着不可忽视的作用。简言之，传统民间坐具的装饰美，美在图案、美在构件，而传统民间坐具的技艺美，美在风格、美在工艺。

①故宫博物院藏，引自故宫博物院官方网站。

②朱家溍：《明清家具》（上），上海科学技术出版社、商务印书馆（香港）2002年版，第65页。

## 技艺之别

明中期以来，随着“海禁”政策的取消，对外贸易迅速发展，东南亚地区优质的热带木材大量贩入，为家具选材提供了新的材料。贩入的木材主要有花梨木、铁力木、红木（酸枝木）、紫檀等，这些木料虽纹理各有差别，但是都质地致密，统称为硬木，与国产的榆木、榉木、楸木大不相同。硬木在家具中的使用带来了家具制作工艺的改革，硬质木料使得更加精细的榫卯结构成为可能，也使得更加复杂的雕刻装饰得以实现。随着硬木家具的发展成熟，不同地区在家具制作上逐渐形成地域风格，最具影响力的有苏州、广州、北京，这三个地区的家具制作各具特色，在坐具样式与风格上也各有千秋。影响家具地域风格形成的因素是多方面的，此处仅从地域文化与技艺因素方面展开。

### 苏作家具

苏作家具，也叫苏式家具，它是指以苏州为中心长江下游的传统家具风格。苏作家具历史悠久、传统深厚，是明式家具的发源地，名扬中外的明式家具即以苏作家具为主。明代苏作家具精于选材，使用材料多为黄花梨、紫檀、铁力木等优质硬木，因硬木木材大部分为进口，材料不易获得，因此在用材上较为节俭，可谓“惜木如金”，这也是其特点之一。苏作家具在制作上的体现就是家具部件拼接较多。比如苏作椅子，除了主要承重构件外，其他多用碎料攒成。椅腿直面以外的所有装饰全部用碎料，甚至包括回纹马蹄所要用的一块小薄板。坐面边框一般较窄，多使用软藤屉，而不用板心，坐面下装饰的牙子也较窄较薄，这样可以省不少木料。坐面上的扶手、靠背，多采用拐子龙纹饰，用攒斗法制作，不费大料，却有不错的装饰效果。可以说，在用料节俭方面，苏作家具做到了极致，甚至连拇指大小的木块，经过工匠的巧手都能派上用场。苏作家具的另一特点是工艺精湛，因在用料上较为节俭，因此格外强调人工的因素，即以精湛的技艺弥补用材、用料上的不足。比如在制作大件家具时，因物料有限，工匠制作时即以杂木作骨，采用包镶手法，在杂木外表贴上优质硬木的薄板，这样既美观又节省了木料。另外，苏作家具部分构件虽以小块木料拼接而成，但是工匠的巧手会对拼接位置进行处理，通过对棱角、截面、局部图案进行打磨处理，使家具看上去十分圆润，拼接处宛如一体。这样虽然费时费工，却以工匠的巧技，解决了材料不足的客观难题，同时，也正因为材料的不足，反而激发了苏州工匠技艺创新和提升的动力，使其成为工艺精良的代表。江南地区素来文人雅士云集，苏作家具的使用者也包括这些文人，因而，家具风格受江南文人文化影响，整体表现出精巧雅致的风格，这是其他地区家具所不具备的地域文化优势。苏作家具造型大多清秀简约，不似清式家具繁缛奢华，这与江南地区推崇古雅之风，追求儒家中庸之道、禅宗的见性明心及道家的道法自然思想有关，因此，家具上大多不做刻意、夸张的装饰，而强调突出材质的天然美感。坐具上的装饰，大多以松竹梅、山石、花鸟等为主，装饰手法以浮雕、线刻为主，靠背的镶嵌也以石、木为主，突出石材、木材的自然纹理之美。苏作家具以其精湛的工艺、考究的造型、雅致的装饰成为明代家具的主流风格，延续至今仍为人们所喜爱（图4–17）。

图4–17　苏作榉木玫瑰椅[1]

### 广作家具

广作家具，也叫广式家具，是指以广州为中心广东地区制作的硬木家具。广州作为东南沿海城市，是进口国外货物的主要入口，东南

[1]邱东联：《中国明清家具赏玩·上》，湖南美术出版社2006年版，第51页。

亚进口的优质木材大量自此输入，相较其他地区，广州拥有得天独厚的进口木材资源。另外，广州地区本身也是国内贵重木材的主要产地，因而，广作家具在用材上较为豪奢，一木造一物，用料内外一致，互不掺用。广州地区原材料的丰富，体现在家具制作工艺上，即表现为家具习惯以整料挖制而成，细部构件也较少使用拼接，凸显着广作家具大气豪迈的风格。广州是我国早期对外开放的窗口，西方传教士经此进入内陆，也自然成为最先接受外来文化思想和科学知识的门户，文化的融合和交流也最早在此类沿海城市中实现。在广作家具制作上，这种中西文化的融合也有所体现：一是出现中西合璧的装饰图案，如西番莲花纹即是典型一例。二是借鉴西洋家具的款式特点，多做曲线造型，且强调雕刻手法的使用，采用浮雕、圆雕、透雕等多种方法，雕面广且深，雕刻花纹高高隆起，经过精细打磨，表面光滑似玉，不露刀凿痕迹，异常华贵。如图 4-18 所示扶手椅，可以看出广式坐具不仅材质厚实，且注重雕饰，椅子四角的回纹高高凸起，雕刻表面光滑细腻，整体形制洒脱自如。此外，广作家具镶嵌工艺高超，镶嵌的材料极为豪华，象牙、珐琅、玻璃画、牙雕等珍贵材料都是装饰的用料，而其他地区的坐具在装饰用料上无法与之匹敌。

图4-18　太师椅①

### 京作家具

“京作”虽然以地域名称命名，但并不是地域家具风格的直接反映，它由宫廷造办处的宫廷家具发展而来，是“三大作”家具中出现

①张福昌主编：《中国民俗家具》，浙江摄影出版社2005年版，第100页。

最晚的一个。在“广作”与“苏作”家具风格的共同影响下，加上皇室的使用需求，京作家具形成了独特的风格。京作家具是清式家具的典型代表，产生之初是为统治阶层服务，随着清朝的衰微，工匠走出宫廷各自开办木器作坊，因此得以广泛流传。京作家具在风格上介于苏作家具的文雅与广作家具的繁饰之间，在形制特点上京作家具与广作家具类似，造型多宽大浑厚，不同之处在于京作家具更具皇家气派（图4–19）。

图4–19 紫檀双人椅[①]

因其为朝廷服务的特性，京作家具在用料选材上，拥有最优质的木材资源，用料豪奢，不计成本，与苏作家具的用料节俭完全不同。在材质选择上多选用紫檀等优质木材为原料，对木材质地、色泽、纹理均有严格要求。京作家具讲究一木连作，以榫卯相接，坚固可靠，样式多变。京作家具的装饰内容与苏作和广作最大的区别在于，京作家具纹样有皇家特色与仿古倾向。京作家具装饰纹样除植物纹外，对

①张福昌主编：《中华民族传统家具大典·地区卷》，清华大学出版社2016年版，第25页。

龙凤纹样使用较多，带有皇家风范。另外，京作家具吸收和提取了商周青铜器和汉代石刻上的古典装饰纹样，具有古朴厚重的特点。工艺方面，京作家具在雕刻、镶嵌之外将漆雕运用到家具装饰中（图4-20），这显示出其重装饰、重精工的艺术特点，但对装饰与用料的过度追求，使有些京作家具成为摆设，实用性不高。京作家具制作工艺细致复杂，烫蜡工艺和动物胶的使用都是其工艺特色。家具表面的烫蜡，使其形成表层保护，延长了家具的使用寿命。在榫卯相接处以动物胶黏合，方便家具日后的维修。

图4-20　京作雕漆椅背

## 工巧之致

明代以来，传统木构架建筑建造技术的发展，为家具制作提供了技术基础，硬木家具的流行，促进了家具榫卯结构的发展，从家具制作角度而言，技术已经十分成熟，因此提升空间有限。在此前提下，家具的装饰技巧成为各地能工巧匠争相施展才能的地方，由此，产生了许多具有特色的、为装饰美化而生的手工技艺。以下选择家具镶嵌类工艺中较有特色的予以介绍。

### 潍坊红木嵌银

红木嵌银是山东潍坊地区颇有特色的一种家具装饰工艺，起源于清道光年间，并一直延续至今。从工艺技法看，红木嵌银脱胎于金属工艺中的金银错。金银错是青铜器中常用的一种装饰手法，即将金银制成极细的金线、银线，在青铜器上錾刻花纹，然后用力锤揲将金线、银线嵌入錾刻的花纹中，形成独特的装饰图案，只用金线的称错金，金银线并用的称错金银。红木嵌银工艺，即是将错金银工艺与红木家具相结合，在家具表面进行装饰，以嵌银丝为主，嵌金丝较少，故统称红木嵌银（图4-21）。红木嵌银家具选材讲究，在木材选择上一般选用紫檀、花梨、酸枝木等优质硬木，这类木材多质地坚实，纹理优美，色泽凝练，配上银色的银丝或纯金的金线，有很好的装饰效果。制作时，先在家具表面依图刻槽，这是一项需要耐心和细心的工作，金银丝都十分精细，发丝一般粗细，所以开槽也必须细致小心。座椅的靠背及坐面的牙板都是装饰的重点，图案一般精致小巧，常用图案为山水、人物、花卉、鸟兽等，边角的装饰也常用几何纹。金银丝嵌入后，还要进行打磨、找平等工序，最后在上面刷天然大漆，刷一层晾干，然后再刷一层，如此反复，达七次之多。最后的上漆工艺很重要，漆能够起到保护作用，漆上得好，花纹就保持得久，家具使用时间也就越长。硬木家具的木色一般都沉稳典雅，搭配嵌银丝的图案，能够达到既深沉典雅又灵巧生动的装饰效果。

图4-21　潍坊红木嵌银工艺



### 宁波骨嵌家具

骨嵌，是宁波地区家具生产的特色装饰手法。宁波骨嵌脱胎于木雕木嵌，从手法上看，骨嵌家具需先在木材上按图起槽，将骨木锯成细小的碎片嵌入槽内，打磨雕刻至平整，最后髹漆而成。宁波骨嵌在材料选择上以牛骨、马骨这类独具特色的硬片骨板为嵌材，镶嵌木板材质多为花梨、红木等名贵硬质木材，木材质地坚硬且色泽深沉，这样经过处理的牛骨具有独特的质感，与红木的沉静相结合更显古雅优美。宁波骨嵌家具镶嵌方式主要包括高嵌、平嵌、混合嵌三种。高嵌是指骨木隆起如浮雕，高出木胚的嵌入方式；平嵌是将骨木进行平贴，嵌片与槽口齐平，两者完美结合；混合嵌即是高嵌与平嵌的结合。早期高嵌和混合嵌应用普遍，后来平嵌使用更多。从工艺上来讲，高嵌工艺更复杂一些。骨嵌家具以晶莹的骨片嵌入木材中为装饰，红木的深沉与骨头的珍珠白形成鲜明对比，装饰布局匀称，题材丰富，展现出精雕细刻下的豪华风格（图4–22）。

图4–22　骨嵌玉人吹箫椅背①

### 云南嵌大理石家具

嵌大理石家具是云南家具中最为著名的特色装饰工艺，其产生与云南独特的物产条件密切相关。云南作为我国重要的林区，出产丰富的珍贵杂木，有良好的木材优势。其中大理县的苍山以石质精美而远近闻名。以石材作为家具装饰，是对当地自然优势的充分利用。大理苍山的石头，以石纹精美闻名天下，其中以白如玉和黑如墨者为贵，微白带青者次之，微黑带灰者为下品。白质青章为山水者名春山，绿章者名夏山，黄纹者名秋山，以石纹美妙而又富于变化的春山、夏山为佳，秋山次之。此外还有如朝霞红润的红瑙石、碎花藕粉色的云石、

①张福昌主编：《中华民族传统家具大典·地区卷》，清华大学出版社2016年版，第109页。

花纹似玛瑙的土玛瑙石、显现山水日月形象的永石等。云南嵌大理石家具在制作时，一般把石材锯开取纹理漂亮的部分制成石板，然后将石板嵌于家具上作为装饰，常用于椅子靠背、几面、桌面、插屏、罗汉床的屏心等处。其中，嵌大理石的太师椅极受欢迎，可在日常使用中观赏石材的自然纹理，尤其是富于变化的石纹，在似与不似的景象中，展现出水墨氤氲的朦胧意境（图4-23）。

图4-23　花梨木嵌螺钿镶大理石花卉纹扶手椅[1]

## 木匠之本

明清以来，传统民间坐具的选材以优质硬木为多，这类木材质地上乘，耐磨耐用，对制作水平也提出更高要求。科学实用的制作工具不仅是坐具结构形制的保证，也是实现各种工艺的重要辅助，更是展现坐具装饰内容和复杂装饰效果的基础。“工欲善其事，必先利其器”，工具是木匠每日劳作都要使用的“家伙什”，其称心与否，直接影响着

①中央美术学院编：《坐位：中国古坐具艺术》，故宫出版社2014年版，第180页。

家具的质量。"是匠不是匠，专比好作杖"，"杖"指的就是工具。木匠的工具基本都是自己制作，因而，工具做得好不好很大程度上体现着工匠的技艺水平（图4–24）。

图4–24　木工工具箱

常见的木作工具数目众多，在传统民间坐具制作中常用的主要有锯、刨、凿子、墨斗及其他辅助工具（图4–25）。锯，为解木工具，利用杠杆原理操作使用。锯的种类很多，有框锯、大锯、横锯、截锯、小锯、刀锯、马子锯等多种，其中框锯最常用。框锯的历史比较久远，我国最早的框锯图像出现在宋代张择端的《清明上河图》中。框锯易于操作，能实现精确下料，减少木材浪费，这应是其传承久远的原因。刨，是平木工具，用于木材表面加工，能使木质表面平整光洁，展现材料

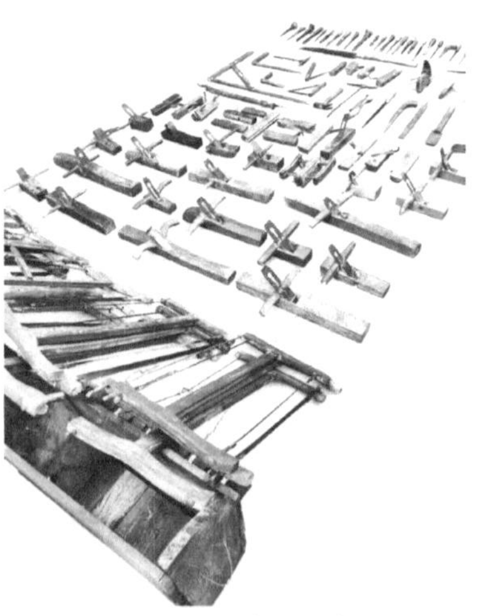

图4–25　木工工具

质地美。常见的刨分为平推刨、长刨、中刨、短刨、圆刨、槽刨、小刨、线脚刨等。平推刨在硬木家具制作中应用广泛，对展现硬木家具的材料美、质地美发挥着重要作用。凿子，是用于凿眼、雕刻、切削、刻槽的重要工具。凿与锯配合使用可用于制作榫卯，凿与刀配合使用可完成雕刻。凿分为方凿、圆凿、二分凿、三分凿、七分凿等。不同型号凿子的使用取决于加工部位不同，需要工匠依据材料位置情况灵活使用。其他工具还有锛、斧、墨斗、规、矩、竹尺等。这些工具大都由木匠亲自制作，新徒弟出师，师傅最好的出师礼就是送徒弟几件工具。

工具是最强调功能性的设计。木匠常用的锯、刨，多造型简约，以实用为第一原则，因而基本没有装饰。工具的美，来自于常年劳作留下的使用痕迹，很多工具上面都有漂亮的包浆，这是属于工具的独特的美。要说工具中最能发挥木匠巧妙构思和装饰技巧的非墨斗莫属。墨斗是木匠下料时画线使用的工具，能够轻松画出长而直的墨线，下料时就用锯沿着墨线开料。墨斗（图 4–26）的形制较为简单，“一口屋，两间房，这间打辘轳，那间开染坊”是木匠行对墨斗的形象描述。一口屋指的是墨床，这是墨斗的主体，两间房是指墨斗分两部分，一部分是轮槽、线轮，另一部分是墨池，此外还有把柄、母子等小的配件。把柄是转动线轮的外接装置，母子是系在线头的一个钩形小部件，可以勾到木料上固定，方便打线时的操作。墨斗因为墨床中常年存墨，虽然是以棉花或丝絮吸墨，但是木头也常年处于潮湿状态，因此，这对墨斗的选材要求非常高，需要用木质坚硬且不易变形的材料。制作墨斗的常用材料是楸木、柳树主根、榆树主根，而主根是指埋在地下最粗的根。墨斗

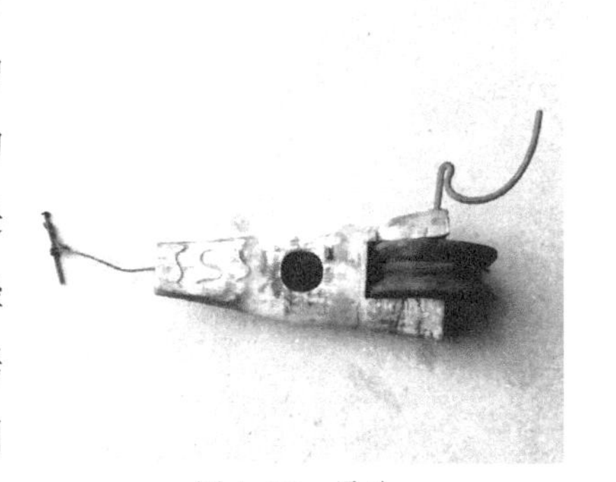
图 4–26　墨斗

的样式十分多样，普通的就是船形样式，讲究一些的则会在外表錾刻图案或者将其做成龙形、鱼形等比较有趣的样式（图4-27）。工具品类是否齐全及样式是否规矩，使用起来是否趁手，这些都能体现出木匠技艺水平的高低。木匠干活利索、漂亮的，那么与之朝夕相处的工具也一定收拾得干净、利落。工具之美正是由木匠的精湛技艺造就的。

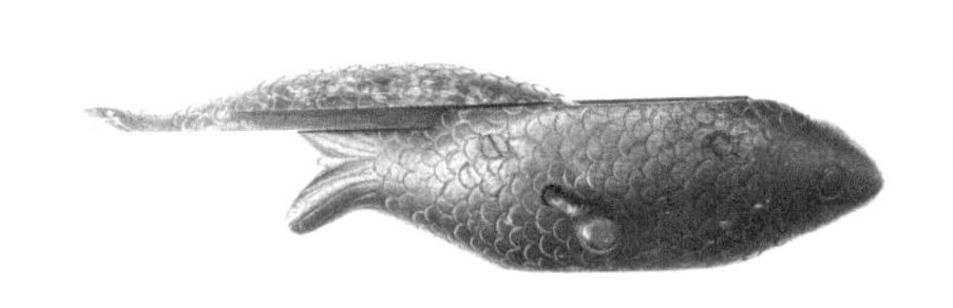

图4-27　鱼形墨斗

## 第三节　传统民间坐具的意象美

传统民间坐具的美，不仅在其形，还在其意象。意象，是传统美学中的一个概念，溯源可至《周易》。意，本意为通过言语传达出来的志向。《说文解字·象部》："意，志也。从心音。察言而知意也。"[①]"意"初时与"志"相通，指可借文章察觉作者之意。"象"本意为作为动物的自然之象，后来延伸为模拟自然物象的诸种图像，是以具体名物为主体构成的象征符号系统。《周易》中的卦象也是对外物不同情态的模拟。宇文所安认为象是"一个事物的标准视觉图式或图示化过程中的一个观念的体现"[②]，可见象是外物在人类感官世界的投射。意象，即是表意之象，是创作者将情感与观念移入客观物象，形成一种艺术形象。意象并非对客观的还原，而是由客观事物传递主观情思。

①许慎撰，段玉裁注：《说文解字注》，上海古籍出版社1988年版，第501—502页。

②宇文所安著，王柏华、陶庆梅译：《中国文论：英译与评论》，上海社会科学院出版社2003年版，第657页。

传统民间坐具的意象美，即是对坐具中体现人的主观情思之象进行分析，以象观意，了解其中蕴含的人文情怀之美。

## 美哉其名

传统民间坐具的意象美，首先美在其名，虽大部分直接以扶手椅、靠背椅等命名，但是也有部分样式有专门的名称，这些专用名称大多既能体现坐具形制特点，又能激起人们的赏物之情。

### 罗汉床

罗汉床的名称在文献中未见记载，它是北方工匠对此的一种通称，南方似乎没有这种称呼。罗汉床，专门指左右及后面装有围栏的一种三面围子、尺寸较小的床。其形制最早应该来自于汉代的榻。罗汉床的名称今日依然较为流行，但是关于其名称出处却有不同观点。一种观点认为罗汉床整体造型敦实厚重，颇像一尊端坐的罗汉，故有此称谓。这种说法过于牵强附会，并不可取。一种观点从其使用出发，认为“罗汉床的称谓实与早期使用对象大多为佛教徒有关，这是民间长期以来约定俗成的一种便称”[①]。还有一种观点认为与围板样式有关，石栏杆中有一种“罗汉栏板”，其特点是栏板一一相接，中间没有望柱，罗汉床中也有类似栏板的围子，中间没有立柱，与架子床不同。如果罗汉床的名称是北方工匠间的一种俗称，很有可能是工匠为区别围子间有立柱的架子床而以其围板样式特点而命名。从名称的源头来看，这种说法更有可取之处。文献中没有关于罗汉床的记载，却有一种类似坐具——弥勒榻的记载。高濂在《遵生八笺》中提及一种短榻，“高九寸，方圆四尺六寸，三面靠背，后背少高。如傍置之佛堂、书斋闲处，可以坐禅习静，共僧道谈玄，甚便斜倚，又曰弥勒榻”[②]。文震

①王正书：《明清家具鉴定》，上海书店2017年版，第20页。

②高濂著，王大淳点校：《遵生八笺·上》，浙江古籍出版社2017年版，第348页。

亨在《长物志》中提到，“高尺许，长四尺，置之佛堂、书斋，可以习静坐禅，谈玄挥麈，更便斜倚，俗名‘弥勒榻’”①。这两则文献对弥勒榻的描述基本相同，从其可以习静坐禅以及谈玄的功能来看，与罗汉床功能类似。至于明代文人所记载的这种弥勒榻是否就是后世的罗汉床，目前尚没有确证。抛开形制来看，不管是罗汉床还是弥勒榻，一件平日使用的坐具，以罗汉、弥勒命名，都可见佛教文化对于人们日常生活的影响。罗汉、弥勒坐禅修行的意象，为坐具平添了许多禅意，也让人联想到圣者高僧、文人雅士坐而论道的雅集场景（图4-28）。

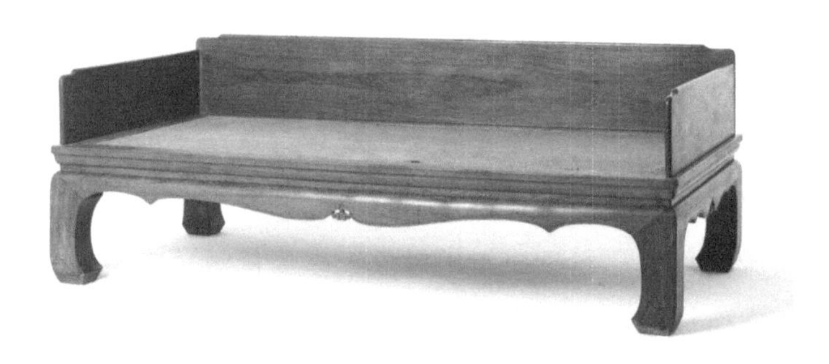

图4-28　黄花梨独板围子罗汉床②

## 美人榻

美人榻，也叫贵妃榻，是专供女性小憩的一种榻，从尺寸上来讲，比罗汉床更娇小（图4-29）。美人榻造型优美，后背有矮围栏，一侧或两侧有枕头，可坐可躺，一般放在书斋或亭榭间，供人临时坐卧休息所用。美人榻的制作较为精美，作后背的靠板是装饰的重点，或浮雕精美图案，或透雕花卉造型，或作螺钿镶嵌，图案风格优雅娴静。榻

①文震亨撰，胡天寿译注：《长物志》，重庆出版社2017年版，第122页。

②故宫博物院藏，引自故宫博物院官方网站。

面多为竹藤编织而成，夏日凉爽宜人，冬日可以铺上厚的丝织垫或皮毛席，或坐或躺，怡然自在。美人榻的名称，应当是夸赞其造型娇小可爱，宛如美人一般，很容易让人联想起“侍儿扶起娇无力”的诗句。

图4-29　美人榻[①]

### 簪花椅

簪花椅（图4-30），浙江温州地区流行的一种民间坐具，为古时女子针织刺绣所坐的坐具。在形制上与南官帽椅有许多相似之处，比如靠背及扶手，向后凹进去的搭脑，弯曲的后背板，壶门牙条等，但是整体尺寸却比南官帽椅小。簪花椅的娇小玲珑与官帽椅的威严庄重形成对比。簪花椅一般通体刷红褐色漆，在靠背处采用三截花板装饰，这也是清代温州椅具靠背板的常见装饰手法。靠背花板一般采用透雕、浮雕手法，分别雕刻出花卉卷草、倒挂蝙

图4-30　簪花椅（彭逸飞绘）

①张福昌主编：《中国民俗家具》，浙江摄影出版社2005年版，第83页。

蝠及才子佳人等吉祥纹饰。靠背花板中间的浮雕图案，往往在浮雕人物或花卉上髹金漆，与椅子本身的红褐色形成对比，提高装饰性。有些制作精美的簪花椅还会在中间靠背花板的边框处进行装饰，可以用碎螺钿装饰，也可使用其他材料进行拼贴、镶嵌。整体而言，簪花椅虽然尺寸较小，却制作精美，装饰丰富，簪花之名更是增加了座椅的美感。

### 月牙凳

月牙凳，是兴起于唐代的一种新式坐凳，因坐面不圆、不方，呈月牙形而得名，名字颇有浪漫气息。月牙凳是受佛教中圆墩、腰鼓墩启发而进行的一次大胆创新，凳面一改常规的或方或圆，选用月牙形，造型典雅别致。月牙凳的主要使用者为唐代宫廷女子，因而装饰华丽。凳面做成月牙形已是别出心裁，在凳腿的装饰上更是不遗余力。在唐人周昉的《挥扇仕女图》中可以清晰地看到唐代月牙凳的形制，其为四足，腿足皆满雕花纹，两腿之间饰以彩穗，可谓精美绝伦。在《宫乐图》中，展示了月牙凳在宫廷日常生活中的使用场景（图4-31）。一张硕大的长方桌，围坐着十余人，宫女们挽髻披帛，浓妆艳抹，或谈笑或奏乐或畅饮，一片欢乐气氛。画中宫女均坐于月牙凳上，从画中可以看出月牙凳形态敦厚，凳面有明显弧度，上铺红色刺绣坐垫，使用起来十分舒适。月牙凳整体端

图4-31　《宫乐图》[1]

①台北故宫博物院藏，引自世界艺术鉴赏库官方网站。

庄浑厚，造型别致新巧，装饰华丽精美，是典型的唐代家具风格。唐之后，月牙凳依然使用，只是其形制简朴了许多，这在五代周文矩的《宫中行乐图》中看得比较清晰，除了标志性的月牙形凳面，腿足的满雕装饰已经不复存在，削弱了装饰趣味。

### 梅花凳

梅花凳与月牙凳类似，均是异形凳面结构的坐具，因凳面呈梅花形而得名（图4–32）。梅花凳造型独特，做工讲究，样式较丰富，尤以鼓腿彭牙、下置托泥的式样最美，做工最复杂。梅花凳在使用时多与圆桌、圆案搭配，整体组合线条流畅，形象饱满，显示出工巧与精致。

图4–32　黑漆彩绘描金花卉纹梅花形凳[①]

梅花在古代是极具品格的花木，因其傲霜斗雪，与竹、松组成岁寒三友，并以坚韧不拔的品性被誉为花中四君子之一。唐代诗人崔道融在《梅花》中写到："香中别有韵，清极不知寒。"[②]梅花的香气因蕴含孤傲坚毅别有韵味，可见梅花在文人心中的分量。以梅花为原型的

①中央美术学院编：《坐位：中国古坐具艺术》，故宫出版社2014年版，第270页。

②黄勇主编：《唐诗宋词全集》第5册，北京燕山出版社2007年版，第2282页。

坐凳，是对梅花基础形状的概括与升华，将对梅花的喜爱之情融入日常所用的坐具造型中。与造型普通的方凳、圆凳相比，梅花凳的造型更为独特，其寓意也更深远，是使用者之“意”在具体器物上的体现。

### 天然纹理之美

传统民间坐具发展至明代，在装饰风格上发生了变化，繁缛的装饰图案，厚涂的深色大漆不再流行，而转向一种古拙素雅、清水芙蓉的风格，发展至成熟期即是典型的明式家具风格。明式坐具的突出特点即是选材均为硬木，不做过多装饰，也不上色漆，而是突出木材本身的美感。这种化繁为简，追求天然纹理的风格，自产生就得到了人们的广泛认可并一直延续至今。

硬木家具的广泛流行，是明代中后期以来的事情。从实物资料的情况来看，明代早期的硬木家具十分有限，漆木家具则有不少传世品。硬木家具的流行，其首要条件是能保障原材料的供应。硬木家具使用的原材料主要是产于南洋的珍贵木材，这些木材全赖进口获得，因而，隆庆初年开放“海禁”的政策，为硬木家具的广泛使用提供了原材料保障。明人范濂在《云间据目抄》中记载了硬木家具在明代的普及，他写道：“细木家伙，如书桌、禅椅之类，余少年曾不一见。民间止用银杏金漆方桌。自莫廷韩与顾、宋两公子，用细木数件，亦从吴门购之。隆、万以来，虽奴隶快甲之家，皆用细器，而徽之小木匠，争列肆于郡治中，即嫁妆杂器，俱属之矣。纨绔豪奢，又以椐木不足贵，凡床厨几桌，皆用花梨、瘿木、乌木、相思木与黄杨木，极其贵巧，动费万钱，亦俗之一靡也。”[①]范濂生于嘉靖十九年（1540年），其少年时期，大概为嘉靖三十九年（1560年），那时书桌、禅椅一类在民间还较少见，民间多用银杏木金漆方桌。至隆万年间，各种细木家具已经

①范濂：《云间据目抄·卷二·记风俗》，《笔记小说大观》第13册，江苏广陵古籍刻印社1983年版，第111页。

较为普遍，即使是“奴隶快甲”之家也用细器。细木家具可以理解为木材致密、方桌以外的一些品种，其中应当包括椐木（榉木），也包括各种硬木家具。文献中确切指出，一些富贵人家因为榉木不够奢华，而用花梨、瘿木、乌木、相思木（即鸂鶒木）与黄杨木，这是明中晚期苏松地区的情况。明中晚期江南地区商品经济活跃，各种时髦、奢华的丝织品、家具都在苏州地区贩卖，民间流行的新款式一般首先出现在江南地区。因此，从范濂的记载可以确认硬木家具在江南地区逐渐流行的历史时期和过程。

硬木家具的选材有赖于进口，至清代依然延续这一方式。广州是进口物料的重要港口，文献中也多有记载关于硬木木材在广州进口及制作家具的情况。屈大均《广东新语注》记载：“紫檀一名紫榆，来自番舶，以轻重为价，粤人以作小器具，售于天下。花榈稍贱，凡床凡屏案多用之。”[①]李渔《笠翁偶集》记载：“予游粤东，见市廛所列之器，半属花梨、紫檀。制法之佳，可谓穷工极巧。”[②]这两则文献都提及的紫檀是硬木木材中十分贵重的材料，用它制作的家具受到富贵人家的追捧。

明中晚期一直延续下来的对于硬木家具的喜爱，除了款式造型之外，很重要的一点就是对于硬木天然纹理的追求。硬木一般都有纹理，以黄花梨、鸂鶒木较为显著，因其以纹理清晰华美者为贵。硬木家具常用的木材有黄花梨、紫檀、铁力木、红木、瘿木等。

黄花梨，是明中期至清前期硬木家具的主要用材之一，产自安南（今越南），我国云南、海南也有出产。黄花梨，也称“花榈”，成材速度极为缓慢，因而不易获得。其材质致密，色泽鲜明，棕眼清晰且细密，纹理富于变化，细密美观，华贵中见素雅。自明代万历年以来，黄花梨就

①屈大均著，李育中等注：《广东新语注》，广东人民出版社1991年版，第572页。

②转引自王世襄：《明式家具研究》，生活·读书·新知三联出版社2013年版，第16页。

是硬木家具中最受欢迎的选材，从皇家贵胄到市井商贾都钟爱此种木材。这与黄花梨独特的自然纹理关系密切，其色泽橙黄有闪光，纹理如行云流水般流畅，配合明式家具简约的造型，而备受世人欢迎（图4–33）。

图4–33　黄花梨镶大理石刻诗文四出头官帽椅[①]

紫檀，是家具中有名的贵重木材，主要产于印度以及马来群岛、菲律宾等地，我国云南、广东、广西也有少量出产。紫檀的贵重在于其材料难得，一棵紫檀树百年难以成材，至少要五百年才能用来做家具，因此有“寸檀寸金”的说法。另外，“十檀九空”，如果紫檀到了成熟期没有砍伐，心材就会腐朽中空，这样一来，能够获得好的紫檀木材就十分难得，这也是导致其价格昂贵的原因所在。紫檀木质坚硬，颜色呈黑紫色，入水即沉，有芳香味，木纹多呈绞丝状，表面经过打磨抛光之后，具有绸缎般的质感、金属般的光泽。紫檀木是紫檀木属的一类树种，品种不同纹理也不同。比如较名贵的一种是金星紫檀，这种紫檀破开经过打磨之后，在棕眼孔内会有金色亮点闪耀。这些“金星”是树木导管纤维间的胶状结晶，经过打磨后若隐若现，形成一种独特的纹理之美（图4–34）。

图4–34　紫檀嵌瓷背扶手椅[②]

铁力木，是较早用来制作家具的硬木，原产于印度，我国广东、广西也有出产，是热带特有的一种珍贵木材。铁力木树种高大，出材

①中央美术学院：《坐位：中国古坐具艺术》，故宫出版社2014年版，第92页。

②杨伯达：《故宫文物大典·4》，福建人民出版社、浙江教育出版社、江西教育出版社、紫禁城出版社1994年版，第1657页。

率高，明清时期的大型家具多用此木制成。铁力木颜色为紫黑色，木质较重，极为坚硬强韧，不易刨锯，干燥速度迟缓，干后不易变形，很适合做大型家具（图4–35）。

图4–35　铁力木南官帽椅[①]

红木，是传统家具选材中除黄花梨、紫檀外的又一主要木材，主要产地在印度，木质坚硬，重量要轻于紫檀，木色为浅红色，但是随着使用时间的增长，颜色会逐渐加深至深红以至黑红色，与紫檀颜色比较相近。红木纹理光滑细密，带有轻微的酸香味，质地致密程度较紫檀稍差，自清中期开始大量进口，作为紫檀木料的替代品（图4–36）。

图4–36　红木高士图扶手椅[②]

①中央美术学院：《坐位：中国古坐具艺术》，故宫出版社2014年版，第124页。

②中央美术学院：《坐位：中国古坐具艺术》，故宫出版社2014年版，第178页。

瘿木，并不是指一种树种。瘿指树瘤，各种木材上所生的树瘤统称为瘿木，北方工匠称为“瘿子”。瘿木剖开后会因树种的不同而呈现出独特的花纹样式，如山水、人物、花鸟等。它是一种自然天成的美材，可遇而不可求。瘿木一般只是用于局部装饰或镶嵌，其特殊的纹理结构能够增加家具的艺术性和观赏性（图4-37）。

图4-37　红木嵌瘿木仿藤编绣墩①

硬木家具的选材还有其他品类，此处不一一赘述。木材本身具有的天然纹理，是大自然的造化之功，如何更好地利用、呈现这些自然之美，还需要工匠的巧妙匠心。工匠选料时，总要把花纹好看的美材用在家具的显著部位，这样才更能突出木材的天然之美。如椅子的靠背板正处于迎人位置，是目光聚集的地方，此处一定要选漂亮纹理的木材。另一种利用美材的办法是将厚板剖开两半，用在对等的位置。比如一对椅子的坐面或者靠背、对开柜子的面板等。一木双开的处理方法，增加了家具的自然美感。

传统民间坐具意象美的体现是对于天然纹理的追求，其背后的审美文化心理是传统美学观念中“道法自然”、追求“天然去雕饰”的审美观。硬木木材不假人力而自然成纹，工匠巧妙利用这一纹理，改变传统家具厚涂深色大漆的装饰手法，改用打蜡或涂清漆的方式，保存木料的纹理在制成家具后依然清晰可见。这类风格的家具别具一种生动活泼、潇洒率真的意趣。

①观复博物馆藏，引自观复博物馆官方网站。

## 不可居无竹

竹子，是传统家具的常用材料之一，也是较早就开始在坐具中使用的材料。早期选用竹材制作家具主要因为其容易获得也便于加工，而随着文化的发展，竹子逐渐被赋予高洁正直的人格特征，为文人墨客所喜爱，成为文雅和志趣的象征。尤其到了明清时期，文人士大夫画竹、写竹成为时代风气，竹制坐具也成为文人雅士彰显气节的重要象征物品。

在古代绘画作品中，经常能够看到文人坐在竹椅上看书、赏画、品物的场景。竹椅形制一般较为简洁，多为扶手椅、玫瑰椅之类。仅宋代绘画中出现竹制坐具的就有：南宋佚名《六尊者像》中“第三拔纳西尊者”所坐竹椅、宋佚名《文会图》（图4-38）中的靠背椅与足承、宋佚名《十八学士图》中的竹制扶手椅、宋佚名《白描罗汉图册》中的竹制扶手椅、南宋马公显《药山李翱问答图》中的竹制扶手椅等，画中对竹制坐具的描摹非常仔细，竹材特征也十分明显。以《十八学士图》中的竹制扶手椅为例（图4-39），画家仔细表现了竹椅的特征。画中竹椅为直靠背，左右有扶手，坐面下较常规木质扶手椅多了一圈环状竹条，可起到

图4-38 《文会图》中的靠背椅与足承①

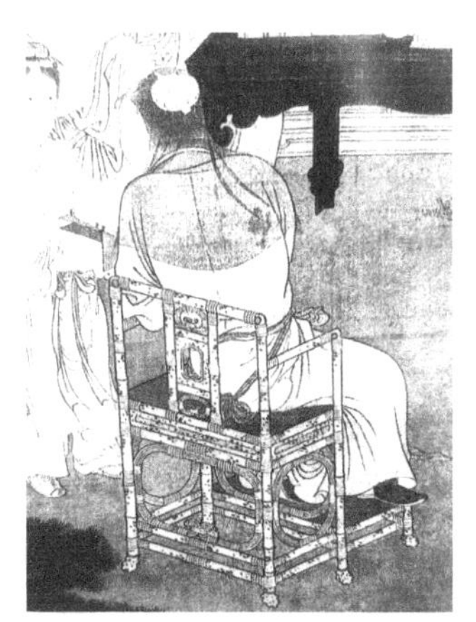

图4-39 《十八学士图》中的竹制扶手椅②

①王正书：《明清家具鉴定》，上海书店2017年版，第54页。

②王正书：《明清家具鉴定》，上海书店2017年版，第142页。

加固、增加承重的作用。竹椅下方有与坐面同宽的脚踏，增加了使用的舒适度，类似的设计还出现在同一幅画的另一件四平齐式扶手椅中。整体而言，出现竹椅的绘画作品大概有两类，一类与佛教相关，一类以表现文人日常为主。竹椅出现与佛教相关的主题，源自竹与佛教修行相关。在东晋法显的《佛国记》和唐玄奘的《大唐西域记》中都记载了印度的“竹村精舍”，这是当时最早的寺庙之一，也是释迦牟尼宣扬佛教之地。竹子的“空心”又与佛教的“空”“无”观相合，因而竹成为与佛教教义相关的一种物化体现。与文人相关的竹椅类绘画，则取竹子“有节”“不折”的特征，寓意有气节、不畏权贵的品性。魏晋时期，嵇康等人被称为“竹林七贤”，可见，竹文化早已深入人心。

竹制椅子中较特别的一种是禅椅。禅椅早期主要用于僧人打坐参禅，因而得名。唐代已经有类似功能的坐具出现，只不过还不称禅椅。敦煌文书中提及的“禅入大床”应该与后世所指的禅椅类似，只是依唐人习惯仍以床称呼。关于禅椅的名称明确记载见于元代，如元末施耐庵《水浒传》中就提到了禅椅，在“赵员外重修文殊院 鲁智深大闹五台山”这一回中写道：“焚起一炷信香，长老上禅椅盘膝而坐，口诵咒语，入定去了。”[①]禅椅由其功能决定了其形制，其基本特征是坐面尺寸较为宽大，坐深较深，让人能够盘腿而坐（图4-40）。后来禅椅在民间也逐渐被使用，造型与风格也渐趋多样。明代以来，文人常常静坐参禅、修身养性，所以常在书房、禅房中放置禅椅。竹制禅椅因其质朴古拙成为文人雅士偏好的坐具，相关文献记载

图4-40　禅椅[②]

①施耐庵、罗贯中：《水浒传》，华文出版社2019年版，第47页。

②张加勉：《中国传统家具图鉴》，东方出版社2010年版，第49页。

也逐渐丰富起来。明人高濂在《遵生八笺》中曾提到：“禅椅较之长椅，高大过半，惟水摩者佳。斑竹亦可。其制惟背上枕首横木阔厚，始有受用。”[①]在这里，高濂对禅椅的形制提出了自己的看法，认为靠背上的搭脑一定要用料宽厚才用着舒服，而选材则“惟水摩者佳，斑竹亦可”。

用竹、爱竹是我国特有的一种文化现象，在传统文化价值体系中，竹占有重要地位。文人雅士对于竹坐具的热爱，源自传统文化中竹的审美意象。北宋苏轼曾在《於潜僧绿筠轩》中提到：“可使食无肉，不可居无竹。无肉令人瘦，无竹令人俗。人瘦尚可肥，俗上不可医。”[②]可见，竹在传统文化中是一种精神象征，既是正直高洁的谦谦君子，也是虚怀若谷的文人雅士。与竹为伴，既能凸显主人的超凡脱俗，又能突出其淡泊高远的性情。诚如东坡先生所言：居，不可无竹。



①高濂著，王大淳点校：《遵生八笺》（上），浙江古籍出版社2017年版，第352页。
②苏轼：《东坡集》，万卷出版公司2017年版，第146页。

# 第五章 制器之道:传统民间坐具的设计观念

道，是传统文化中的一个重要概念。《说文解字》有“道，所行道也”，将其语义解释为道路、道途，这是它的字面意义，在传统文化的发展中，道逐渐脱离道路、道途的实指，而成为哲学意义上的“道”。关于“道”的所指，老子在《道德经》中将它解释为先于天地而成之物，“有物混成，先天地生，寂兮！寥兮！独立不改，周行而不殆，可以为天下母。吾不知其名，字之曰道”。道是无形的，不可捉摸的，想要了解、把握无形之“道”，必须借助有形的、实在的“器”。《周易·系辞上》中明确提出了“形而上者谓之道，形而下者谓之器”的观念，道器成为中国古代思想家关注的哲学命题。器之所指大意主要是指形而下、实在的，但是其具体所指略有不同。张载在《横渠易说·系辞上》中提到：“形而上者是无形体者也，故形以而上者谓之道也；形而下者是有形体者，故形以而下者谓之器。无形迹者即道也，如大德敦化是也；有形迹者即器也，见于事实如即礼义是也。”[1]张载对“道”与“器”的概念进行了界定，认为“器”指礼仪一类。“器”在《道德经》中也有多处提及，虽然也有优势、长处及谋略、手段等意思，但主要指生活日用之器物，如“埏埴以为器”之陶器，“小国寡民，使有什伯之器而不用”之“什伯之器”为各种日用杂器。关于道、器之间的关系，《荀子·解蔽》中提到：“农精于田而不可以为田师，贾精于

①张载著，章锡琛点校：《张载集》，中华书局1978年版，第207页。

市而不可以为市师，工精于器而不可以为器师。有人也，不能此三技而可使治三官，曰精于道者也，非精于物者也。”[①]荀子将道与物相对应进行分析，以“物”指农耕、商市、制器的具体技术、技巧，以“道”指示事物背后可加以把握的原理、道理。本书制器之道的所指，与荀子所提到的概念类似，指通过对具体的器物分析，探讨传统造物的观念、原则或规律。具体到传统民间坐具而言，即是探讨不同样式的坐具背后所蕴含的统一的造物观念、成器原则等。

## 第一节　道法自然的成器观念

道法自然，语出《老子》第二十五章：“人法地，地法天，天法道，道法自然。”道法自然是道家哲学中的一个核心观念，其基本含义在于强调自然的崇高地位，人应当遵循自然的规律，淡化人为的力量，返璞归真，达到一种素朴无为的自然境界。道法自然的观念深刻影响了传统艺术创作及造物活动，传统绘画创作原则之一即是道法自然，强调以自然为师。传统造物活动中也遵循道法自然的原则，强调顺应自然规律进行成器活动。

### 自然而然

自然而然，主要指传统民间坐具在选材、理材、制作的整个过程中，都强调顺应自然的变化，遵循自然的节奏。坐具选材必然要遵循自然的规律，因为不同材质有其生长枯萎的自然规律，也有其赖以生存的自然环境。如若违背这一自然规律，就不能得到很好的材料，也就不能做出坚实耐用的坐具。如《考工记》所讲：“材美工巧，然而不

①叶绍钧选注，宛志文校订：《荀子》，崇文书局2014年版，第109页。

良，则不时，不得地气也。”[①]“橘逾淮而北为枳，鸲鹆不逾济，貉逾汶则死，此地气然也。郑之刀，宋之斤，鲁之削，吴粤之剑，迁乎其地而弗能为良，地气然也。”[②]“燕之角，荆之干，胡之可，吴粤之金锡，此材之美者也。天有时以生，有时以杀；草木有时以生，有时以死；石有时以泐；水有时以凝，有时以泽。此天时也。”[③]在南方，橘树结出的果实甜蜜可口，但是过了淮水就变成难吃的枳。能模仿人类语言的八哥（鸲鹆），从来不北飞越过济水。俗称“狗獾”的貉，如果渡过汶水就会死亡。这都是地气所决定的。郑国产的刀，宋国产的斧头，鲁国产的曲刀，吴粤所产的佩剑，都是很有名气的。如果换一个地方制造，条件变了，就不会精良，这也是由地气决定的。燕地所产的牛角，荆地所产的弓干，胡地所产的箭杆，吴粤所产的铜锡，这些都是上好的优质材料。天有时会使万物生长，也会使万物凋零。草木有时欣欣向荣，有时枯萎凋谢。石头长久被水冲击，会风化散裂。流水有时候会凝结成冰，有时会积聚成湖泽，这些都是天时造成的。可见，无论是地理环境还是四时天气，都对材料有直接影响。工匠们应当了解和熟知这些自然规律，并遵循自然的法则才能利用好天时地气，获得良好的原材料。

在传统民间坐具的制作中，对道法自然的遵循还表现在对材料的处理方式上。传统民间坐具的选材主要为木、竹、藤一类，对这类材料的加工基本都是在遵循其本性特点的基础上，进行有限的加工。比如竹材，则根据制作坐具的样式选择合适的，然后进行“卷节”“刮青”处理。卷节，即是用篾刀将竹节部位凸出来的地方刮掉，使其尽量与竹壁齐平。刮青，指用篾刀将竹材外层的竹青刮掉。刮青时要从上往下刮，这样才能不破坏竹皮，做成的家具在使用过程中才能越用

①张道一：《考工记注译》，陕西人民美术出版社2004年版，第10页。

②张道一：《考工记注译》，陕西人民美术出版社2004年版，第12页。

③张道一：《考工记注译》，陕西人民美术出版社2004年版，第14页。

越光滑。卷节、刮青之后，即可根据制作的家具样式画线、下料，分成竹条、竹片等进行制作。如果是进行编织，则还要劈蔑、煮蔑，进行分丝，将竹材分成较窄的细竹丝，然后进行不同图案的编织。竹材处理的基本就是进行清洁、平顺竹节，分丝时也是顺着竹子本身的纹理结构进行，这样能够保证竹丝的韧性不受损。木材的处理主要也是进行平、顺、直的处理，把天然的弯曲部分、虫蛀部分去掉，保留可用的部分。工匠对这些材料的处理都以尊重其本身的特性为第一原则，一般根据自身的特点来决定其用途（图5-1）。

图5-1 《十二美人图·鉴古》[①]



①吴美凤：《盛清家具形制流变研究》，紫禁城出版社2007年版，第157页。

传统民间坐具在制作上也遵循着自然节气的节奏。民间木匠大部分都是乡下农民，平日要农忙，打制家具一般都在春耕、秋收之后的闲暇时间，而春秋两个季节也正是适合做家具的时节，天气不冷不热，木质稳定，打好的家具不易变形。夏季若遇到雨天，则不适合做家具。因雨天潮湿，木材容易变形，有经验的木匠都会避开这个时节打制家具，不然，家具制作出来变形损坏，反而砸了自己的招牌。在坐具制作过程中，某些环节的操作也是与自然季节密切相关的，如坐具制作中经常使用的胶，因不同季节使用，而浓稠度不同。传统手工业时代，家具使用的胶都是动物胶，需要木匠自己熬制，制作程序比较复杂。胶的熬制，根据加水的多少有稠有稀，不同季节用胶稠稀各不相同。对此，木匠行有"春使稠，冬使流，五黄六月干饭稠"之说。春季用稠一点的，冬季要用稀的，阴历五六月进入夏季就要用像干饭那样稠的胶。现代社会出现一种水胶，是传统动物胶的替代品，为米黄色固体颗粒状，使用时加入适量水加热熬制而成。水胶使用起来更为方便，但其使用原则依然遵循着传统规则。

## 宛自天开

传统造物追求道法自然的造物观念，却并非否认人工的价值，毕竟造物活动归根到底是人的创造性活动。道法自然强调按照自然的规律去发挥人工的作用，并将人工的痕迹减到最少。中国古典园林设计讲求的"虽由人作，宛自天开"正是对传统造物活动中道法自然观念的准确表达。明代以来，江南园林兴造活动繁盛，文人大家、巨商富贾都热衷于修造园林，这也促使苏州园林迅速繁荣，城内名园林立，并成为文人雅集的重要场所。"虽由人作，宛自天开"语出《园冶》，《园冶》是明代一位叫计成的文人所著，他具有丰富的造园经验，这本书也是最早最系统的有关造园理论方面的著作。"虽由人作，宛自天开"是计成提出的造园的总原则，在造园的过程中处处体现着这一原则。园林中必不可少的是假山，江南地区尤其热衷，并出现过不少叠石名家。叠石虽是人力所为，但是其根本原则却是要将石头叠成自然样式。好的叠石匠人，都是追求“宛自天开”的效果。叠石最好的石材是湖石。湖石采自深水，历经长时间的激烈水流冲刷，表面凹凸起皱，甚至穿凿成孔洞。这种带有大自然痕迹的湖石深受江南文人喜爱。苏州邻近太湖，太湖石更是当地造园叠山的首选。文人总结了石之美的特征，即具备瘦、漏、透、皱等特点的方为上品。可见，并非完全自然天成的湖石都能得到文人的赞赏，而是需要符合文人的审美需求才能获得认可。明晚期苏州造园之风盛行，以致当地有专门以采石为生的“石农”。《吴中掌故丛书》之《红兰逸乘》卷四载：“太湖石玲珑可爱，凡造园林者所需不惜重价也，湖旁居民取石凿孔置于波浪冲激处，久之斧斤痕尽化，遂得天趣，实则瘦、皱、透三者皆出于人工以售善价，谓之种石，其人可称石农。”[①]天然的太湖石毕竟有限，当需求量大的时候，就出现了用这种人工方法“种石”的“奇事”。种石者为了追逐利益，购买者也多半心知肚明。对于造园者而言，需要的是太湖石天然可爱的外观，即使期间有人工手段的干预，种石也是退而其次的选择，毕竟天然太湖石的数量是有限的。可见，在自然条件无法满足人们造物需要时，人们是可以接受变通的方式的，不过，依然要保持最后的底线，要“宛若天开”。

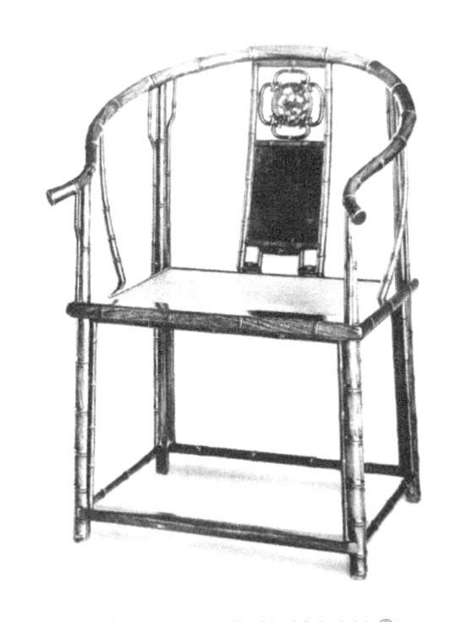
图5-2　仿竹材圈椅[②]

传统民间坐具中也有一类特别的仿制坐具，模仿的是竹制家具（图5-2）。竹子是坐具的常用选材，因为生长周期

①陈从周：《梓室余墨·下》，上海书店出版社2019年，第558页。

②王世襄：《明式家具研究》，生活·读书·新知三联书店2013年版，第61页。

快、价格便宜、易于加工而被广泛使用。中国人对竹子的喜爱，由来已久，因而竹制坐具非常普遍。竹制家具的优点很多，但是也有缺点，主要缺点是不耐用、舒适度欠佳。因为竹材本身的特性，中空的结构使其承重有限，尤其是坐具类，使用时间久了，竹子间的结构就会松动，承坐时会摇晃。因此，很多竹制座椅、凳子使用一段时间后都需要用小竹楔子进行加固。坐具扶手及靠背弯曲的地方，竹子也容易变形或爆裂，尤其是外界环境干燥的时候，使用寿命大打折扣。另外，相比较而言，竹材的舒适度欠佳，从结构上讲，竹材本身不易做过于复杂的结构，无法像木材一样做各式各样的卯榫，竹材与竹材的连接处难免会有空隙，也无法完全打磨成光滑的平面，因此，使用起来总有些磕碰之感。

除此之外，竹制坐具使用的体感感受与季节关系密切，夏季是使用竹器的最好时节，冬季使用则感觉过于冰冷。这样看来，竹制家具确实存在不少缺点，但是爱竹之心也是人人皆有，于是，就出现了以木材仿制的竹家具（图5–3）。明清时期，仿制竹家具的类型特别多，包括坐具在内的椅凳以及桌案、橱柜都有。这一时期的仿制竹家具主要是在家具的边角及腿部模仿竹子的外观特征，主要是竹节，也有雕刻仿竹图案，寓意“节节高升”“知足（竹）常乐”等。传统坐具的常见样式，大致都有仿竹制作，仿竹玫瑰椅、仿竹靠背椅、仿竹官帽椅等。清代有以黄花梨仿竹制的椅子，通体模仿竹子的竹节，即用雕刻手法刻出竹节，远看与真竹

图5–3　榉木仿竹材靠背椅[1]

①中央美术学院：《坐位：中国古坐具艺术》，故宫出版社2014年版，第212页。

完全一样。而坐面一般为竹藤编织的屉面，更增加了仿制竹椅的真实性。仿制竹家具在细节处理上惟妙惟肖，细看之下才能看出端倪。这种特殊的仿制坐具，彰显了人们爱竹喜竹的竹文化，丰富了传统坐具的品类。

## 天工开物

“中国哲学主张天与人、理与气、心与物、体与用、文与质等诸方面的对称关系，是一种‘天人合一’‘知行合一’‘情景合一’的统一观念。……西汉董仲舒提倡类似的‘天人合一’的理论，南宋陈亮提出‘理一分殊’的学说，几乎可以做为造物活动的理论构架。”[①]“主张自然与人的和谐统一，是中国文化在精神层面上、思想观念上的一个突出特征。徐复观先生说：‘在世界古代各文化系统中，没有任何系统的文化，人与自然，曾发生过像中国古代一样的亲和关系’。这种自然与人的亲和关系，已经升华到哲学高度，建构成‘天人合一’的思想观念体系。可以说，‘天人合一’，突出地体现了中国文化的精神特质。”[②]这种“天人合一”思想在工艺造物中体现为古人对自然与技术，即天工与人工完美结合的追求。这一思想被明代宋应星总结归纳为“天工开物”，其中“天工”典出《尚书·皋陶谟》的“天工人其代之”，“开物”取自《易经·系辞传上》的“开物成务”。宋应星将这两个词合用，赋予新的含义：“以自然力配合人工技巧从自然界开发物产”[③]。这一思想也成为传统造物所遵循的技术原则。

《考工记》中将“材美工巧”作为工艺造物的总原则，天时与地气都是人力所无法控制的，属于“天工”，是自然力控制的范畴。传统造

①潘鲁生：《中国民间美术工艺学》，江苏美术出版社1992年版，第43页。

②高丰：《“天人合一”的文化精神对中国传统艺术设计的影响》，《装饰》，2003年第2期。

③宋应星著，潘吉星译注：《天工开物译注》，上海古籍出版社2016年版，第3页。

物对于自然条件、自然规律格外重视。传统坐具选材的地域性、自然性特点正是古人尊重自然遵从自然规律的选择。许多富有地方特色的坐具正是充分利用了当地的自然优势，从而创造出其他地方所没有的特色坐具。天工固然十分重要，然而只有天工，没有人工，是不能创造出良器的。因而，《考工记》在强调天时、地气的同时，又提出材美、工巧的原则。所谓“材美”就是要充分发挥材料本身的自然美感，深入挖掘自然性能。这就需要发挥人工的作用，将天工与人工巧妙地融合在一起。“中国古代造物讲究工巧。所谓工巧，实际上包含了意匠之巧和技艺之巧，而意匠之巧更为重要。”[①]《考工记》中也讲“知者创物，巧者述之”，意思是说有智慧的人创造器物，手巧的人遵循制作的方法，将其承传下来。智者承载的是意匠之巧，巧者承载的是技艺之巧，优良的造物是将意匠之巧与技艺之巧两者结合。古代造物正是追求这种自然与技术、天工与人工的结合。《易经》中“开物成务”思想的形成，《考工记》中天、地、材、工的造物原则，《吕氏春秋》中对于生产上“时”的讲究以及《天工开物》中对原料及加工次序的详尽记载，都是古人在造物过程中追求天工人工完美结合的实例。

在传统坐具中，明式家具是将天工人工完美结合的典范。在明式家具出现前，我国家具主要以漆木家具为主。我国考古发现最早的木制家具是山西襄汾县龙山文化陶寺遗址出土的漆木家具，可见，至迟在龙山文化时漆木家具就已出现，发展到唐代，已在生活中占据了主要地位，至宋明时期发展到顶峰。明式家具从木料的选择和利用，到家具的造型设计、结构组合、装饰手法和制作工艺等方面，无不表现出天然的工巧与人的意匠浑然一体的特点。明式座椅对于椅背及坐面木料的选择非常严格，椅背、座面是一把椅子最显眼的位置，也是最能体现木料自然纹理的地方，质地好、纹理美的木料一般都用在这两

①高丰：《美的造物——艺术设计历史与理论文集》，北京工艺美术出版社2004年版，第201页。

个位置。为了更好地体现木材本身的美感，明式坐具的加工放弃了传统的髹饰工艺，而使用打磨、擦蜡的工艺，使木料自然的质地、色泽、纹理更加清晰透亮、光润细腻。

传统民间坐具中还有一种应用不是特别广泛的装饰工艺——翻簧，即是利用自然资源发挥人工技巧的巧妙装饰方式。翻簧，也叫“贴簧”，是将竹子内层竹簧加工做成装饰的一种技法。其制作工序是将楠竹锯开，去节去黄，取轻薄内簧，经煮、晒、压平工序处理后，胶合到木胎上，打磨、抛光后再雕刻山水、花鸟、书法等做成装饰图案。竹簧的产地主要以浙江黄岩、湖南邵阳、四川江安等地为主。竹簧轻薄透亮，质密淡雅，光润如玉，装饰效果极佳。《上杭县志》记载：“质似象牙而素过之，素似黄杨坚泽又过之。”[①]经过处理的竹簧光滑素雅，有着象牙一样的质感，装饰在座椅的靠背、扶手及坐面下的牙板处，素雅却又高贵。竹簧本是不被留意的竹子的一层薄薄的竹纤维，但是经过人工技术处理，能够发挥出意想不到的装饰效果，这也正是人工与天工的巧妙结合（图5-4）。

图5-4　翻簧宝座（何福礼作品）

①转引自朱世力：《中国古代文房用具》，上海文化出版社1999年版，第551页。

## 第二节　制器尚用的成器原则

造物的目的是使用，实用性是造物活动的主要目的。“民间工艺造物的基本功能有三，即造物的实用功能，造物的审美功能和造物的认知功能。”[①]其中实用功能是第一位的，早在先秦时期墨子就提出实用功能为第一位的观点。《韩非子・外储说左上》有一篇关于墨子的记载：墨子用三年时间制成一只能飞的木鸢，高翔长空，弟子交口称赞。墨子沉思后，感到这是无用之巧，说：“吾不如为车輗者之巧也，用咫尺之木，不费一朝之事，而引三十石之任致远，力多，久于岁数。今我为鸢，三年成，飞一日而败。”[②]从文中记载可看出，对于造物，墨子首先强调的是其实用功能性，即造物活动要能满足人类生活的某一实际需要。因而，会飞的木鸢只是“无用之巧”，不若“为车”实用。在实用功能与审美功能的关系上，墨子认为：“故食必常饱，然后求美；衣必常暖，然后求丽；居必常安，然后求乐。”[③]在此，墨子强调实用功能先于审美功能，实用性重于审美性。只有人类第一层次的需求得到满足后，才有可能考虑其他层次的需求，这是人类需求的本能决定的。也正是人类需求的先后，决定了人类在实践活动中目的性的先后，而在造物活动中体现为首先满足实用性的需求，在此基础上再考虑其他层次的需求。

家具作为一种造物活动，其价值首先也体现在它的物质性，即实用性。民间工匠在制作家具时，首先考虑的是要满足人们的一定需要，以实际生活需要为出发点来对其样式、形制进行具体设计。具体到坐具而言，不同的使用功能会有相应的坐具来满足其功能需要，不同功能的坐具其形制完全不同，甚至会出现用于某一特定功能的专门坐具。

①潘鲁生：《中国民间美术工艺学》，江苏美术出版社1992年版，第58页。

②转引自谭家健：《墨子研究》，贵州教育出版社1995年版,第170页。

③毕沅校注，吴旭民标点：《墨子》，上海古籍出版社1995年版，第255页。

传统民间坐具的设计制作也遵循制器尚用的造物原则，在不同功能需求下出现了不同形式的坐具。

### 农事之用

春耕秋收是农耕社会一年中最重要的田间劳作，而农事器用是从事劳作的重要工具。在南方地区流行一种用于秧田的工具，称“秧马”或“秧凳”。秧马是我国民间特有的一种用于秧田劳作，以减轻劳动负担的农用辅助工具。秧马最早产生于宋代，因为苏轼所做《秧马歌》而广为流传。苏轼于诗中将秧马的选材、样式说得较为清晰，原诗如下：

过庐陵，见宣德郎致仕曾君安止，出所作《禾谱》，文既温雅，事亦详实，惜其有所缺，不谱农器也。予昔游武昌，见农夫皆骑秧马，以榆枣为腹，欲其滑；以楸桐为背，欲其轻；腹如小舟，昂其首尾；背如覆瓦，以便两髀雀跃于泥中，系束藁其首以缚秧。日行千畦，较之伛偻而作者，劳佚相绝矣。《史记》：禹乘四载泥行乘橇。解者曰，橇形如箕，擿行泥上。岂秧马之类乎？作《秧马歌》一首，附于《禾谱》之末云。

春云濛濛雨凄凄，春秧欲老翠剡齐。
嗟我妇子行水泥，朝分一垅暮千畦。
腰如箜篌首啄鸡，筋烦骨殆声酸嘶。
我有桐马手自提，头尻轩昂腹胁低。
背如覆瓦去角圭，以我两足为四蹄。
耸踊滑汰如凫鹥，纤纤束藁亦可赍。
何用繁缨与月题，揭从畦东走畦西。
山城欲闭闻鼓鼙，忽作的卢跃檀溪。
归来挂壁从高栖，了无刍秣饥不啼。
少壮骑汝逮老黧，何曾蹶轶防颠隮。
锦鞯公子朝金闺，笑我一生蹋牛犁，
不知自有木駃騠？①

①苏轼：《东坡集》，万卷出版公司2017年版，第219—220页。

诗中提到秧马的基本结构是背部如覆瓦，外形如船，两端翘起，形如月牙，使用时跨坐其上，以双足蹬地在秧田中前后移动。插秧时使用秧马，一则可以省力，坐于秧马之上避免了弯腰之苦；二则效率高，秧马背部为弧形，在秧田中行动方便，能够大大提高插秧效率。元人王祯在《农书·农器图谱》中也提到了秧马（图5-5），可能是受到苏轼《秧马歌》的影响，关于秧马的功能，他也只提及插秧之用。从秧马的形制来看，应当是兼具插秧和拔秧功能。插秧时，则用右手将放于船头的秧苗插入田中，然后双脚蹬地使秧马向后移动。拔秧时，则可用双手将苗拔起，捆成一捆，放在秧马后仓，积累一定数量集中放于田头。清陆世仪《思辨录》中也曾提到秧马的功能，“按秧马制甚有理，今农家拔秧时宜用之。可省足力，兼可载秧，供拔莳者甚便”[②]。可见，秧马功能既可用于插秧也可用于拔秧。

图5-5　秧马[①]

秧马在南方地区普遍使用，今湖北、江苏、安徽等地依然可见其踪迹。在农业博物馆或地方民俗馆中也可以见到收藏的秧马，只是今日所见的秧马与宋元文献中记载并不相同。今日所见其形制并不像文献中记载如船形，而是较为简单的一种形制，上方为一个四足凳，在凳足下加一块稍大的滑板，这应当也是其被称为“秧凳”的原因。秧马从农民日常劳作的实际需要出发，创造性地发展出秧凳、秧船一类的农事器用，充分体现了百姓在日常生活中的智慧。

①王祯：《农书译注》（下），齐鲁书社2009年版，第449页。

②陆世仪：《陆桴亭思辨录辑要2》，中华书局1985年版，第118页。

## 文人之用

农民有春耕秋收的现实需要，文人也有读书写作的日常需求。晚明以来，文人参与家具设计的情况并不少见，文震亨、高濂、屠隆等都有参与设计几案、床榻之类的相关记载。文人设计的坐具中，最负盛名的是清代李渔设计的凉杌与暖椅。

严寒与酷暑对读书人来说是两个不容易度过的季节，在一冷一热两个季节读书也是一桩辛苦事。暖椅与凉杌正是为满足读书人的现实需求而设计。李渔在《闲情偶寄》中提到："予冬月著书，身则畏寒，砚则苦冻，欲多设盆炭，使满室俱温，非止所费不资，且几案易于生尘，不终日而成灰烬世界；若止设大小二炉以温手足，则厚于四肢而薄于诸体，是一身而自分冬夏，并耳目心思，亦可自号孤臣孽子矣。计万全而筹尽适，此暖椅之制所由来也。"[①]李渔对于冬日读书写作的苦楚，描绘得很生动，若只设大小二炉暖手足，则对身体不公，手足暖而身体凉，判若冬夏两季，并能扰乱心思，不利于神思集中；若多放几个炭盆取暖，炭火费用不低，难以负担，且炭灰会落在几案上，室内很快就成为灰烬世界。出于这样的现实需求，李渔设计了暖椅（图5-6）。李渔细致描述了暖椅的形制与具体使用方法："如太师椅而稍宽，彼止取容臀，而此则周身全纳故也。如睡翁椅而稍直，彼止利于睡，而此则坐卧咸宜，

图5-6　暖椅[②]

①李渔：《李渔全集·第3卷·闲情偶寄》，浙江古籍出版社1991年版，第204页。

②李渔：《李渔全集·第3卷·闲情偶寄》，浙江古籍出版社1991年版，第206页。

坐多而卧少也。前后置门，两旁实镶以板，臀下足下俱用栅。用栅者，透火气也；用板者，使暖气纤毫不泄也；前后置门者，前进人而后进火也。然欲省事，则后门可以不设，进人之处亦可以进火。此椅之妙，全在安抽替于脚栅之下。只此一物，御尽奇寒，使五官四肢均受其利而弗觉。另置扶手匣一具，其前后尺寸，倍于轿内所用者。入门坐定，置此匣于前，以代几案。倍于轿内所用者，欲置笔砚及书本故也。抽替以板为之，底嵌薄砖，四围镶铜。所贮之灰，务求极细，如炉内烧香所用者。置炭其中，上以灰覆，则火气不烈，而满座皆温，是隆冬时别一世界。”[①]李渔的暖椅借鉴了太师椅和睡翁椅的形制，并进行了改良，使其能够容纳全身而且可坐可卧。暖椅之暖来自于其搭配使用的外形如桌子的家具，只是根据取暖的需要进行了改制，前后方都设置有门，前进人后进火。巧妙之处在于桌子下方设置一个抽屉式的结构，抽屉以木板为之，底部镶嵌薄砖，四周镶铜，将炭火放在抽屉中，上面再覆上一层灰，则炭火不旺却一直保持温暖。用于纳凉的凉杌，其形制如下：“凉杌亦同他杌，但杌面必空其中，有如方匣，四围及底，俱以油灰嵌之，上覆方瓦一片。此瓦须向窑内定烧，江西福建为最，宜兴次之，各就地之远近，约同志数人，敛出其资，倩人携带，为费亦无多也。先汲凉水贮杌内，以瓦盖之，务使下面着水，其冷如冰，热复换水，水止数瓢，为力亦无多也。其不为椅而为杌者，夏月少近一物，少受一物之暑气，四面无障，取其透风；为椅则上段之料势必用木，两胁及肩又有物以障之，是止顾一臀而周身皆不问矣。”[②]凉杌以杌面下特别设计的一个中空结构盛上凉水来纳凉，上方覆盖一片定烧的方瓦，使用过程只需更换凉水即可。

李渔设计的凉杌与暖椅，处处从实用性出发，充分满足冬日取暖与夏日纳凉的功能要求，而且在设计中，还特别强调使用要方便、节

①李渔：《李渔全集・第3卷・闲情偶寄》，浙江古籍出版社1991年版，第205页。
②李渔：《李渔全集・第3卷・闲情偶寄》，浙江古籍出版社1991年版，第204—205页。

能。凉机上方的方形瓦片需要定烧，但是“各就地之远近，约同志数人，敛出其资，倩人携带，为费亦无多也”。几人相约共同集资一起定烧，花费也不高。暖椅的使用，“为费极廉，自朝抵暮，止用小炭四块，晓用二块至午，午换二块至晚。此四炭者，秤之不满四两，而一日之内，可享室暖无冬之福”[①]。每天用四块炭就能保障室内温暖无冬，整个冬季使用下来费用也不至负担不起。可见，李渔从读书人的日常需求出发，设计出了实用且经济的坐具，这也是文人参与坐具设计的代表性案例。

## 日常之用

传统民间坐具的主流是满足日常生活所需，且功能要求丰富多样，需要多种形制的坐具来满足。以下选择几类较有代表意义的常用传统民间坐具进行介绍。

### 儿童坐具

儿童坐具是一个统称，泛指专门为儿童而设计的各式坐具。儿童坐具的样式十分丰富，根据形制不同而名称不同，如座椅、坐轿、坐车、坐桶等。江南还有一种较为特殊的立桶，与儿童座椅有功能上的相似，故将其也列入儿童坐具的范围进行分析。

儿童坐具的使用对象主要为学步前的婴幼儿，因这一特殊性，而对其设计有着与其他坐具不同的特殊要求。父母在选用儿童坐具时首先考虑的是安全问题，因而对于安全因素的考虑成为儿童坐具设计中重要的因素。儿童坐具在设计上强调稳定性，一般底部较稳、重心偏低，即使孩子在座椅中有轻微的动作，也可保证平稳性。此外，出于安全性考虑，在儿童座椅的结构设计上，一般都有一个可抽拉的挡板



①李渔：《李渔全集·第3卷·闲情偶寄》，浙江古籍出版社1991年版，第205页。

结构。如图5-7、图5-8所示，挡板设于座椅的上部，将挡板拉出，空间变大，便于孩子出入。将孩子放入座椅后，将挡板推回起到固定作用，可以保证孩子安全。

图5-7　儿童竹坐车[①]

图5-8　儿童竹坐车[②]

江苏无锡地区有一种带轮的儿童坐具称坐车（图5-9），整个坐车的基本造型跟南方常用的洗澡盆有些相像，但是部分结构有所变化。坐车为狭长形，儿童坐的地方设在坐车的一端，这样儿童坐入后，腿部可以有足够的活动空间。为保证安全，坐车同样设计了挡板来保护儿童。坐车的挡板也是可以拆卸的，使用起来十分方便。浙江宁波地区有一种高脚儿童座椅（图5-10），其高度在105厘米左右，长长的椅腿是其形式特征。由于其坐面离地面较高，在椅腿中间位置设有一个脚踏，可避免儿童的脚悬于空中。高脚儿童座椅的设计同样也有出于安全因素的考虑，南方因天气湿热，地面上不可避免地有许多虫蚁，而这种座椅可使儿童免受虫蚁的侵害。高脚座椅相较于

图5-9　儿童坐车[③]

图5-10　浙江宁波儿童座椅[④]

①张福昌主编：《中国民俗家具》，浙江摄影出版社2005年版，第336页。
②张福昌主编：《中国民俗家具》，浙江摄影出版社2005年版，第336页。
③张福昌主编：《中国民俗家具》，浙江摄影出版社2005年版，第337页。
④张福昌主编：《中国民俗家具》，浙江摄影出版社2005年版，第338页。

低矮的坐车来说，稳定性略差，但是这种高脚座椅主要是吃饭时使用，其高度正好适合坐在椅凳上的大人喂饭。使用时有大人在一旁看护，所以高度并不容易造成危险。今日依然在使用的宝宝餐椅，基本延续了这一形制。

不管是精细制作的南方坐轿，还是风格豪放的北方座椅，我们会发现很多儿童坐具有一个共同的结构特征，那就是坐面都会有一个特地开凿的洞。这个洞是为儿童“方便”所特地设计的。由于使用者为婴幼儿，其生理特点决定了小于四五岁的孩子不能很好地控制大小便。结合使用的实际情况，在设计儿童座椅时必须对这个问题有所考虑，较普遍的解决方案是在坐面上开洞以解决孩子们的“方便”问题。图 5-11 是江西的儿童座椅，木匠在坐面上开了一个工整的圆形的洞，而北方农村的儿童座椅似乎就没有那么讲究了。图 5-12 是山东农村用的儿童座椅之一，整个座椅的制作十分简陋，基本是以木板拼合而成，坐面的开口也是

图5-11　江西儿童座椅①

图5-12　山东农村儿童座椅

①张福昌主编：《中国民俗家具》，浙江摄影出版社2005年版，第336页。

狭长的长方形。图5-13是设计更为巧妙的一件民间儿童座椅。此座椅从结构特征上来看已经完全脱离了椅的基本结构，坐面也只能称其为坐板，在解决儿童的“方便”问题上采取了另外一种方法。在坐板前方，斜插了一根带凹槽的木棍，这根木棍通向地面。这种方法同样解决了儿童的“方便”问题，而且有了这个导流槽，孩子小便后尿液会很快流到地上，而不至于把裤子弄湿（图5-14、图5-15）。这是能工巧匠们在器具细节之处发挥聪明才智解决实际问题的具体表现，同样一个问题，南北方工匠的处理方式不同，制作的精细程度也有差异，但相同的是都要解决实用层面基本的功能问题。

图5-13　民间儿童坐具①

图5-14　民间儿童坐具细节图②

图5-15　民间儿童坐具细节图③

作为儿童来讲，娱乐性是重要的需求之一。儿童坐具的设计应把儿童对于娱乐的要求纳入考虑范围。许多儿童坐具的设计出于儿童娱乐的需要，在坐具前面加设一个平台式的结构（图5-16）。前面提及的几款有挡板的儿童座椅，其中的挡板大多有双重作用，一是保护儿童的安全，二是形成一个类似平台的结构，儿童玩耍时

图5-16　木坐车④

①山东东方中国民艺博物馆藏。

②山东东方中国民艺博物馆藏。

③山东东方中国民艺博物馆藏。

④张福昌主编：《中国民俗家具》，浙江摄影出版社2005年版，第337页。

就可把玩具放在上面。挡板推回后刚好在儿童胸部的位置，儿童手拿玩具玩耍时挡板无形中充当了“工作台”。也有一部分儿童坐具本身的装饰就是现成的玩具。图5-17中的两只狮子雕得惟妙惟肖，正是儿童现成的玩具。这两个简单的立柱装饰还有一个作用，就是可以把儿童的玩具用绳子系在上面，这样就可省却大人重复捡拾被孩子扔到地上的玩具之苦。这样的设计虽是特别细微之处，但是多了这个小小的细节，对看护孩子的大人而言却是非常必要的。看护孩子本来就是非常辛苦的事情，通过对坐具细节的设计能够省力不少，也是非常人性化的设计。也有做工并非这样精细者，只是简单地装饰，如图5-18就是装饰非常简单地一个儿童座椅，但是在好奇的孩子眼里这也可以充当暂时的玩具。

图5-17 儿童座椅①

图5-18 儿童座椅②

儿童坐具使用的舒适性问题也是不容忽视的。对于舒适性的考虑首先体现在尺度上，单个儿童坐具的设计都是按照儿童身体比例来制作，即使形式上有方圆的差别，但在尺度上都能确保儿童在座椅中有足够的活动空间。与此同时，儿童坐具对舒适度的考虑还体现在设计的多样性上。在传统坐具中有很多形制不同的儿童坐具，可以根据儿童的年龄来具体选择适合的坐具。年龄小的孩子可以使用坐车、坐轿、



①山东东方中国民艺博物馆藏。

②山东东方中国民艺博物馆藏。

图5-19　立桶[1]

座椅等，而年龄大一些可以站立的孩子就可以使用立桶（图5-19）。立桶主要适合于刚学步的儿童使用，有方、圆两种，以木制为主，高度一般在70 — 85厘米之间。立桶的内部结构一般为两层，中间以木板相隔，有些隔板是固定的，孩子太高就不宜使用；也有些隔板是活动的，可以根据儿童的身高进行上下的调节（图5-20）。隆冬季节，南方天气阴冷，在镂空的隔板下面还可以放炭盆为儿童取暖，是很有地域特色的结构设计。

图5-20　立桶结构[2]

### 马桶椅

江南地区还有一种特殊的椅子，称为马桶椅。马桶椅的上半部分采用南官帽椅的形制，设计的特别之处在于椅子的下半部分，即做成一个方盒子形状，前面的挡板可以拆卸，椅面装有上下掀合的转轴，与椅子主体连在一起。将椅面掀起，挡板拆下，就可将马桶藏入其中（图5-21）。马桶内盛污秽之物，敞放在室内毕竟不雅，将其放入封闭的马桶椅，既解决了室内的清洁问题又为年老体弱之人提供了方便。马桶椅制作都较为精致，多为有钱人家使用，一般人家多用形制相对

①张福昌主编：《中国民俗家具》，浙江摄影出版社2005年版，第341页。
②张福昌主编：《中国民俗家具》，浙江摄影出版社2005年版，第341页。

简单的马桶凳（图5-22）。马桶凳的结构与一般方凳相似，不同之处在于凳面加开一个洞。没有马桶椅复杂的结构、精美的装饰，整个凳子朴素无华却也结实耐用。

图5-21　马桶椅[1]

图5-22　马桶凳[2]

## 售票椅

售票椅，是民间的一种高脚扶手椅。这种造型的椅子并不多见，其上部分为典型的明式四出头扶手椅形制，靠背也处理成“S”形曲线

①张福昌主编：《中国民俗家具》，浙江摄影出版社2005年版，第138页。

②张福昌主编：《中国民俗家具》，浙江摄影出版社2005年版，第151页。

状。扶手椅下部分是比例长于一般椅子的椅腿，椅腿大约二分之一处加两根横枨，横枨之间设一个横板，下面又设前后枨。这一结构增加了座椅的坚固性，又在视觉上增加了整个座椅的稳定感（图5-23）。这款椅子的造型较为特别，以座面为分界线来看，上部分完全是四出头扶手椅的典型样式，而下部分则完全可以看作是一个高脚板凳，将扶手椅与板凳做这样的结合也算是巧思妙想了。民间木匠的这一设计完全从实用角度出发，这种座椅主要用于戏院、当铺、钱庄等地，供售票员或柜台伙计使用。往时，售票处或柜台的高度一般达到人的胸部，若售票员坐一般的凳子就嫌矮，因而民间木匠适度增加了凳的高度。凳是没有靠背的，对于售票者来说，无法倚靠的工作座椅坐起来毕竟不舒服。民间木匠又借用了四出头扶手椅形制，不但为凳子加了靠背，还加了扶手，这样售票员在卖票间隙就可以获得短暂的休息。民间工匠在造物上的人性化考虑，还体现在这款椅子座面以下两根横枨之间的横板设计上。从力学角度来看，这个横板几乎不承重，它完全是为放置物品而设计，放置的是什么物品呢？烟袋锅、茶水杯之类。在身体疲倦时，能够方便及时地从座位下面拿到茶杯喝上一口茶或者拿出烟袋锅抽上一口烟，那应该是很惬意的事情。这份忙碌工作中的闲暇瞬间正是来自于设计者悉心周全的考虑。

图5-23　售票椅[1]

①陈绶祥主编：《中国民间美术全集4·起居编·陈设卷》，山东教育出版社、山东友谊出版社1993年版，第96页。

除此之外，在传统坐具中还有许多其他专用坐具的设计，有一种钓鱼凳就为喜爱钓鱼的人专门设计。这种凳子将坐面下设计为一个水桶，钓到鱼后可以直接放在里面，既实用又便携。这些形制各异的坐具都来自日常生活的现实需求，每一件坐具都针对生活中的某一需求而设计，对功能的满足是其设计的首要原则。传统民间坐具中的专用坐具很好地体现了传统造物中制器尚用的成器原则。

## 第三节　物尽其用的设计与用物观念

器物功能的设计大多是专一功能的设计，即一器一用，然而在传统民间坐具的调研中，经常能够发现一件坐具可满足多项功能的情况，即一物多用。这种情况的出现，与传统文化中节俭、节约的观念有关。用一件器物实现多项功能，在日常生活中尽可能做到物尽其用，在百姓的生活观念中这也是一种节约。要满足一物多用的需求，更需要在设计上多方面考虑，尽可能兼顾不同功能。通过对传统民间坐具的深入分析，可以将这种一件坐具同时满足两种以上功能的情况分成两种，一种主要靠设计者的巧妙设计，在坐具形制上进行改进，使其成为多功能坐具；另一种主要是发挥使用者的奇思妙想，坐具形制没有改变，而是充分利用已有的特点，在使用过程中赋予多种功能。两者的共同点是都是物尽其用观的表现，区别在于主体的不同。李渔设计的暖椅，民间常用的楼梯椅、钱柜椅都是这类设计的代表。

### 功能多样的暖椅

李渔所设计的暖椅不仅是可以在冬季取暖的家具，他在设计时还兼顾了其他功能，如可温砚、可焚香等。具体来看李渔所设计暖椅的细节：“若至利于身而无益于事，仍是宴安之具，此则不然。扶手用

板，镂去掌大一片，以极薄端砚补之，胶以生漆，不问而知火气上蒸，砚石常暖，永无呵冻之劳，此又利于事者也。不宁惟是，炭上加灰，灰上置香，坐斯椅也，扑鼻而来者，只觉芬芳竟日，是椅也而又可以代炉。炉之为香也散，此之为香也聚，由是观之，不止代炉，而且差胜于炉矣。有人斯有体，有体斯有衣，焚此香也，自下而升者能使氤氲透骨，是椅也而又可代薰笼。薰笼之受衣也，止能数件；此物之受衣也，遂及通身。迹是论之，非止代一薰笼，且代数薰笼矣。倦而思眠，倚枕可以暂息，是一有座之床；饥而就食，凭几可以加餐，是一无足之案；游山访友，何烦另觅肩舆，只须加以柱杠，覆以衣顶，则冲寒冒雪，体有余温，子猷之舟可弃也，浩然之驴可废也，又是一可坐可眠之轿；日将暮矣，尽纳枕簟于其中，不须臾而被窝尽热；晓欲起也，先置衣履于其内，未转睫而襦袴皆温。是身也，事也，床也，案也，轿也，炉也，薰笼也，定省晨昏之孝子也，送暖偎寒之贤妇也，总以一物焉代之。”[①]李渔将暖椅的功能做了综合的考虑，考虑到冬日严寒，砚台可能出现结冰的情况，在扶手处嵌一小块端砚，砚石常暖，省去呵冻之苦。在炭上置灰，灰上放香，又有香炉之用，同时可以以此熏衣，有熏笼之用。暖椅可坐可卧，十分便捷。如果要出门，则只要加上柱杠、衣顶，就可如小轿一般使用，而且冲寒冒雪，体有余温。李渔将多种功能集中于暖椅之身，正如他自己所讲“是身也，事也，床也，案也，轿也，炉也，薰笼也……总以一物焉代之”。

## 一物多用的巧思

一物多用的传统民间坐具主要指在设计之初就考虑到使用的多功能性，在设计时以承坐为主要功能，在此基础上额外增加其他功能。为了满足坐具多功能的使用需求，在结构上需要根据多功能的特点进行专门设计。

①李渔：《李渔全集·第3卷·闲情偶寄》，浙江古籍出版社1991年版，第205—207页。

楼梯椅，顾名思义它既能当座椅使用又具有楼梯的功能。历史上，这种椅子在南北方均有使用，在今天的山东地区仍可见到。楼梯椅（图5-24 、图5-25）是在靠背椅形制基础上改良设计而来，因为要满足楼梯的功能，而扶手椅因扶手的构件无法折叠，无法做成楼梯椅。从外观上看，楼梯椅区别于一般靠背椅的地方主要在椅面以下的结构。楼梯椅前后腿之间的空隙处折叠有两根斜枨，每根斜枨上又有一块平板通过卯榫结构分别与椅子的前后腿相接。楼梯椅的开合机关设计在椅面处，通常在椅面近二分之一处的位置上装有折页。通过折页将椅背向前翻转，原本的椅背、椅腿位置完全颠倒，椅背反而成为梯子腿，起到支撑作用。藏于椅腿下面的斜枨瞬间变成梯子的斜面，而两块平板与原来的椅面亦成为梯子的踩板。楼梯椅不仅设计构思巧妙，在实际制作上对于尺寸的把握也令人赞叹（图5-26）。由于楼梯椅的特殊用途，在制作时对于椅子各部分尺寸的要求十分严格。比如

图5-24 楼梯椅①

图5-25 楼梯椅②

图5-26 楼梯椅结构分解图(彭逸飞绘)

①山东东方中国民艺博物馆藏。

②山东东方中国民艺博物馆藏。

椅背、椅腿的总长度与两根斜枨总长度的关系，斜枨的长度既要略大于椅背、椅腿的总长度，又要保证这个长度能与椅背、椅腿形成一个合适的夹角。夹角太小，梯子比较陡，不利于攀爬，夹角太大，梯子的高度就受限。椅面到椅背的高度，椅腿的高度，以及斜枨的长度，三者之间的长短关系也十分关键。三者的长度各不相同，斜枨最长，椅背高度次之，椅腿高度再次。怎样使长短不同的三者在翻转折叠后，能在同一水平面上，并且保证梯身结构的稳定性？这其中体现出工匠的精巧计算。

以前生意人家中或者当铺、钱庄、商行等地方，有一种由钱柜改制的椅子称为钱柜椅。钱柜椅的出现主要是出于对钱财安全的考虑。在店铺内，掌柜收了铜钱或银圆后就从钱柜椅座面上的小孔放入箱内。把钱柜同时设计为椅子是掌柜保护钱财的好办法。钱柜椅的坐面是一个可以上锁的盖子，做工讲究的会在其正中做一个铜装饰，铜饰中央是一个可放入铜钱的钱眼（图5-27）。在山东胶州地区，也有大户人家直接将未经改制的钱柜放在家中充当坐具，因这种钱柜形制较小，外观看来与一般凳子相差无几（图5-28）。胶州地区有睡炕的习惯，家家都有土炕，整个屋内摆设就以炕为中心，钱柜就随意放在靠近炕的位置上，并盖上一块大花布将其主体遮盖，仅露下面的柜腿。在外人看来那就是一件普通的凳子，完全不会想到里面藏有钱物。

图5-27　钱柜椅[1]

图5-28　钱柜凳[2]

①何晓道：《江南明清民间椅子》，浙江摄影出版社2005年版，第125页。
②山东东方中国民艺博物馆藏。

在坐墩设计中也有将坐面之下的空间充分利用的例子。有的坐墩巧妙地利用了中空的腹部，把坐面设计为可随意开合的盖子。平时盖上，看起来与一般坐墩并无二致。取下盖子，坐墩即变成一个小小的储物盒，日常的一些零碎杂物都可放于其中。这样，一则保持了室内的干净整齐，二则需要用什么零碎杂物时找起来也十分便捷（图5-29）。

图5-29　鼓墩①

传统民间坐具中还有一种与家具配套使用的小物件，称“滚凳”。滚凳多数是作为座椅的脚踏使用，个别地区也有单独设置，放于床前使用的。有些座椅体量较大，坐面较高，因而下方必须搭配脚踏。滚凳即是兼具养生功能的脚踏。明代道教养生术中把脚凳与健身运动结合起来，制成特殊的滚凳。道家认为，人足心的涌泉穴是人之精气所生之地，认为时常摩擦此处，有益于养生长寿，因而创意制成滚凳。屠隆在《考盘馀事》中记有“滚凳”一条：“以木为之，长二尺阔六寸高如常。四桯镶成，中分一铛，内二空中，车圆木二根，两头留轴转动，凳中凿窍活装，以脚踹轴，滚动往来。盖涌泉穴精气所生之地，故必以运动为妙。”②滚凳的形制即是在平常脚凳的基础上，将正中装

①张福昌主编：《中国民俗家具》，浙江摄影出版社2005年版，第154页。

②屠隆：《考盘馀事》，商务印书馆1937年版，第72页。

隔挡分成两格，每格各装滚木一枚，两头做轴，使滚木可以来回转动。人坐在椅上，以脚踹轴，使脚掌中的涌泉穴得到摩擦，使身体各部筋骨舒畅、气血流行（图5–30）。

图5–30　滚凳

一物多用的坐具，在形制上一般不会特别复杂，制作、操作都比较简单、容易实现。通过设计时的巧妙规划，使一件坐具在满足日常承坐功能的同时，兼具其他功能，也体现出设计者的巧思之处。

## 物尽其用的观念

早期经济不够发达造成的物资匮乏，形成了人们对于日常使用器物的“物尽其用”心态。物尽其用在传统生活方式中随处可见，比如用草木灰充当清洁剂，来清洗碗盘，不仅环保无污染还不易残留。南方日常剩下的米饭，可以攒起来，集中放在容器中发酵，再加入其他材料，可制成铺贴地砖的黏合剂。再比如，有一种椴木织是用椴树的皮经过加工织成布。椴木伐好后，将剥下的树皮留用，不能用的部分就冬日烧火取暖用。烧过的木灰可以在煮树皮的程序中加入，这样可以让椴木皮更软。在整个制作过程中，从树皮到木头再到木头烧过的木灰在椴木织的制作中被完全利用起来，没有任何浪费。这是民间百姓生活经验积累的智慧。

坐具中的物尽其用更多是使用者的一种“随机应变”。因为现实物质条件的限制，不可能生活中的每一种需求都被顾及，这就需要借助现有器物实现某些功能。物尽其用主要是从使用者角度出发，强调在用物过程中，充分发挥坐具的形制特点，使其在承坐之外还可以有其他用途。物尽其用主要是用物者智慧的体现，而传统民间坐具中能够满足灵活取用的坐具主要是各种凳子。

春凳，一说是古时民间的一种嫁妆家具。女儿出嫁时，春凳上放置被褥，贴上喜花，请人抬着送进夫家。南方、北方均称之为“春凳”，包含娶妻嫁女、春来喜庆之意（图5-31）。春凳与一般条凳的区别主要在形制上。春凳一般长约150 — 200厘米，宽在30 — 50厘米之间，比一般的条凳要长、要宽。由于春凳尺寸较大，可并坐三至五人，亦可作卧具来代替小榻。另外，春凳长宽适宜且结构坚固，因此，在山东胶东地区，春凳还常被用来放置粮食。一年劳作辛苦得来的粮食，怎样妥善保存是大事。为避免地上湿气使粮食发霉，会把收装成袋的粮食靠墙放在春凳上，然后再一层层摞起来。由于春凳极其实用，在胶东地区几乎家家都有。每年晒粮时，家家都把春凳抬出来，各种春凳一字摆在路边，场面十分壮观。

图5-31　春凳[1]

除了春凳，民间各式各样的小板凳因其尺寸小巧，使用起来也更

①山东东方中国民艺博物馆藏。

为灵活多样。比如，有的板凳就巧妙地融板凳与枕头于一身。此种枕凳十分小巧，长约25厘米，高10厘米许，宽8厘米左右。如图5-32，枕凳结构甚为简单，下凹的凳面，四根凳腿两根侧枨，整个枕凳的设计在于凳面凹曲程度的把握。从坐的功能来考虑，由于人体结构的特点，凹面的凳面显然要比平板的凳面坐起来舒服。从枕的功能来看，如若凳面为平板，作为枕凳使用就非常不舒服。因此，从坐与枕的功能来讲，凳面一定要是凹面。从作为坐具的功能来看，这个凳子比普通凳子要小，作为儿童坐具或成人的临时坐具是可以的，长时间使用不如正常尺寸的凳子舒适。这也是枕凳的多功能性所决定的，一件坐具要兼具坐与枕的功能，那么只能在舒适度上做出一点让步。枕凳形制小巧，方便携带，夏季出门纳凉带着最合适不过，有小榻，可以以它为枕，吹着过堂风美美地享受夏日里少有的一丝凉爽；贪玩的孩子，跑累了也可以坐着它休息一下，享受快乐的童年时光。

图5-32　枕凳①

物尽其用是对器物的一种巧妙使用，通过使用方式的创新或改变，使器物发挥更多的功能。虽然其最初目的是充分发挥资源的价值，是物资匮乏时期的一种折中办法，但是，在物资充裕的当下，环保与可持续发展仍是当代社会所要面对的重要问题，物尽其用的用物观念以及用背后的思维方式依然值得提倡。



①山东东方中国民艺博物馆藏。

# 结　语

## 坐对芳菲：传统民间坐具的当代价值

传统民间坐具的研究是一个比较小的研究题目，然而一旦进入研究就会发现小小坐具中隐藏了太多丰富的信息。坐具名称变化背后可能是社会文化交融的结果，坐具选材的丰富可能是源自对外经济政策变化带来的影响，新的坐具装饰图案的出现可能是西方文化影响下的产物。坐具的研究，涉及了一个时代的政治、经济、文化因素的相互影响。

对传统民间坐具的研究，是对历史传统的回顾，也是对传统起居方式与器具使用之间关系的梳理。随着人们生活方式的变化，一部分传统民间坐具不再适应当代生活的需要，慢慢退出历史，但是也有一部分在当代社会依然广受欢迎，比如明式家具中的圈椅、太师椅至今是中式家具的主流产品。这些经过历史积淀传承下来的坐具样式，是传统坐具文化的一部分，我们应当对其出处、来源有一定了解，这是对历史、对传统的基本尊重。本书从坐具的发展历史入手，简要回顾了常见坐具品类的历史，然后从造物艺术的角度，对传统民间坐具的选材、尺度、装饰、设计原则等问题进行了探讨。随着研究的深入，发现有许多地方是需要在今后的研究中继续补充的，比如关于常见的玫瑰椅，其名称来源，到目前也没有较为可信、确切的说法。以“玫瑰”为坐具之名，是非常特别的命名方式，应当有其出处。再比如，关于椅子的起源，虽然根据相关学者的研究，结合文献资料，有一些相对确切的观点，但是其最早的形制究竟是怎样的？在形成今日所熟知扶手椅、靠背椅形制之前，是否有其他样式的存在？在席地坐到垂足坐的过渡阶段，坐具在民间的使用情况究竟如何？这些历史问题都值得继续探讨。

传统民间坐具的历史研究是其研究的一个方面，任何历史的研究，其出发点都应是当下。传统民间坐具研究的当代价值突出表现在两个方面：

其一，传统民间坐具的整体设计观。

传统民间坐具是古代造物艺术在日常生活中的体现。在看似普通的坐具中，蕴含着百姓对人与物之间关系的态度，传达着传统社会人与自然的亲和关系，体现了百姓日常生活的智慧。人们从传统起居生活的实际需要出发，创造出满足日常需要、符合社会礼法及风俗讲究的坐具。在这一造物活动中蕴含着丰富的造物观念。在传统民间坐具的设计观念中较突出的一点是其设计的整体性观念。传统民间坐具的设计不是单一的器物设计，不是西方现代设计理论中的功能主义思维方式。实现坐具良好的功能是古人造物的追求却不是唯一追求。传统造物活动是一个系统，在造物的过程中，人们逐渐形成了关于天、人、物之间关系的观点，并在天—人、人—物、物—天之间构建起一个自成体系的运转系统，所有的造物活动都在这一体系中存在。传统民间坐具是作为一个整体被关照的，从设计样式、选择材料到实际制作，都被视为整体中的一个部分，所有环节都遵循着敬天、爱人、惜物的整体设计观。

其二，传统民间坐具设计的东方智慧。

传统民间坐具是充分结合中国国情而创造的日用家具，其中蕴含着东方智慧。从选材阶段的因材施艺到设计制作的地域风格，从装饰美化的人文情怀到用物过程的物尽其用，无一不体现着具有东方思维的设计智慧。自西方工业革命以来，现代设计在欧洲和美国迅速发展，以包豪斯为代表的现代主义设计理念，伴随着欧美强势的经济影响，传播到世界各地。中国现代设计发展前期也深受西方设计理论及观念影响，言必包豪斯、功能主义，在看待中国设计时也习惯套用西方的理论进行分析。在研究中国古代造物艺术时也常常借用西方的设计理论，发现传统造物艺术中有与西方设计理论类似观念时，常有一种“人有我有”的万幸心理，似乎需要以此来证明传统造物艺术的价值。西方现代设计理论有其发生、发展的历史过程和社会语境，代表的是现代设计在欧美的发展、探索道路。西方现代设计理论有其优势和参考价值，值得关注、借鉴。但是，中国古代造物艺术也有其生长环境，无法完全套用西方设计理论来衡量。传统民间坐具正是古代造物艺术的一个具体表现，应将其置于古代造物艺术体系中进行整体的关照。古人“万物皆备于我”的观念，特别适用于当下，西方现代设计理论可以成为一种参考，却不应成为一种标准，具有中国特色的东方设计智慧应当被世界看到。

# 参考文献

## 一、专著

1. 王世襄：《明式家具研究》，生活·读书·新知三联书店，2013年。

2. 王世襄编著，袁荃猷绘：《明式家具萃珍》，上海人民出版社，2005年。

3. 王世襄：《锦灰堆》，生活·读书·新知三联书店，1999年。

4. 崔咏雪：《中国家具史·坐具篇》，明文书局，1990年。

5. 杨耀：《明式家具研究》，中国建筑工业出版社，1986年。

6. 马未都：《坐具的文明》，紫禁城出版社，2009年。

7. 吴美凤：《明代宫廷家具史》，故宫出版社，2016年。

8. 胡德生：《中国古代的家具》，商务印书馆，1997年。

9. 胡文彦：《中国历代家具》，黑龙江人民出版社，1988年。

10. 董伯信：《中国古代家具综览》，安徽科学技术出版社，2004。

11. 胡文彦、于淑岩：《中国家具文化》，河北美术出版社，2002年。

12. 陈绶祥主编：《中国民间美术全集4·起居编·陈设卷》，山东教育出版社、山东友谊出版社，1993年。

13. 邵晓峰：《敦煌家具图式》，东南大学出版社，2018年。

14. 赵广超、马健聪、陈汉威：《国家艺术：一章木椅》，生活·读书·新知三联书店，2008年。

15. 张福昌主编：《中国民俗家具》，浙江摄影出版社，2005年。

16. 故宫博物院编：《传薪：中国古代家具研究》，故宫出版社，2018年。

17. 徐特雄，余玉兴：《家具概论及家具材料》，台北正文书局，1982年。

18. 共勉：《明清家具式样图鉴》，黄山书社，2013年。

19. 吕章申：《中国国家博物馆百年收藏集粹》，安徽美术出版社，2014年。

20. 田自秉，吴淑生，田青：《中国纹样史》，高等教育出版社，2003年。

21. 潘鲁生：《中国民间美术工艺学》，江苏美术出版社，1992年。

22. 孙机：《汉代物质文化资料图说》，文物出版社，1991年。

23. 徐飚：《成器之道——先秦工艺造物思想研究》，南京师范大学出版社，1999年。

24. 张宏林主编：《人因工程学》，高等教育出版社，2005年。

25. 章利国：《设计艺术美学》，山东教育出版社，2002年。

26. 毕沅标注，吴旭民标点：《墨子》，上海古籍出版社，1995年。

27. 谭家健：《墨子研究》，贵州教育出版社，1995年。

28. 张道一：《考工记注译》，陕西人民美术出版社，2004年。

29. 闻人军：《考工记译注》，上海古籍出版社，2008年。

30. 许慎撰，段玉裁注：《说文解字注》，上海古籍出版社，1988年。

31. 苏轼：《东坡集》，万卷出版公司，2017年。

32. 薛景石著，郑巨欣注释：《梓人遗制图说》，山东画报出版社，2006年。

33. 宋应星著，潘吉星译注：《天工开物译注》，上海古籍出版社，2016年。

34. 午荣编，李峰整理：《新镌京版工师雕斫正式鲁班经匠家镜》，海南出版社，2003年。

35. 文震亨撰，胡天寿译注：《长物志》，重庆出版社，2017年。

36. 屠隆：《考盘馀事》，商务印书馆，1937年。

37. 高濂著，王大淳点校：《遵生八笺》，浙江古籍出版社，2017年。

38. 李渔：《李渔全集·第3卷·闲情偶寄》，浙江古籍出版社，1991年。

39. 计成著，倪泰一译：《园冶》，重庆出版社，2017年。

40. 马林诺夫斯基著，费孝通等译：《文化论》，中国民间文艺出版社，1987年。

41. 柳宗悦著，徐艺乙译：《工艺文化》，中国轻工业出版社，1991年。

42. 宇文所安著，王柏华、陶庆梅译：《中国文论：英译与评论》，上海社会科学院出版社，2003年。

43. 唐家路，张爱红：《中国设计艺术原理》，山东教育出版社，2018年。

**二、期刊论文**

1. 陈增弼：《汉、魏、晋独坐式小榻初论》，载《文物》1979年第9期。

2. 邵晓峰：《〈韩熙载夜宴图〉断代新解：中国绘画断代的视角转换》，载《美术与设计》2006年第1期。

3. 高启安：《从莫高窟壁画看唐五代敦煌人的坐具和饮食坐姿》（上、下），载《敦煌研究》2001年第3、4期。

4. 李汇龙，邵晓峰：《宋代佛教家具设计中的坐具研究》，载《常州工学院学报（社科版）》2015年第1期。

5. 高丰：《“天人合一”的文化精神对中国传统艺术设计的影响》，载《装饰》2003年第2期。

# 后 记

几经曲折，本书终于付梓。传统民间坐具研究是读硕士研究生阶段，在田野调研中因兴趣而起，并受到我的硕士研究生导师潘鲁生教授、胡平教授的肯定，由此开启了这一选题的研究。硕士研究生毕业后，被各种工作任务占据精力，这一选题的研究暂时搁置。工作多年后完成的这本书，算是对学生时代研究兴趣的总结。

本书的顺利出版离不开各方面的支持，感谢山东工艺美术学院出版基金的资助和山东东方中国民艺博物馆的支持，感谢学院唐家路教授、董占军教授、赵屹教授对本书选题、研究的支持，及学生朱晓菲、谢菲菲、彭逸飞、李晓良、孙寅在田野调研、资料整理方面的辛勤工作。感谢田野调研过程中所有接受采访和给予帮助的人们。感谢我的母亲李红雁女士，为我分担了大部分家务和照看孩子的琐碎事务，让我有时间和精力完成本书。

最后，任何研究成果的完成都是阶段性的，本书也存在不足甚或舛误之处，请各位专家、读者批评指正。

明 娜

壬寅季秋于泉城南山